"创新设计思维"

数字媒体与艺术设计类新形态丛书

来阳◎编著

U0739928

Stable Diffusion

AIGC

绘画与视频生成基础教程

◆微课版◆

人民邮电出版社

北 京

图书在版编目（CIP）数据

Stable Diffusion AIGC 绘画与视频生成基础教程：微课版 / 来阳编著. -- 北京：人民邮电出版社，2025. （"创新设计思维"数字媒体与艺术设计类新形态丛书）.

ISBN 978-7-115-66139-5

Ⅰ. TP391.413

中国国家版本馆 CIP 数据核字第 2025RM3045 号

内 容 提 要

本书深入浅出地讲解了 Stable Diffusion 在 AIGC 绘画与视频生成领域的相关原理与应用。本书共 7 章，第 1 章为初识 AI 绘画，第 2 章为文生图，第 3 章为图生图，第 4 章为 Lora 模型，第 5 章为图像控制，第 6 章为 AI 视频生成，第 7 章为综合实例。

本书内容丰富，图文并茂，通俗易懂，可作为本科院校和职业院校视觉传达、数字媒体艺术等艺术设计类专业的专业基础课教材，也可作为其他专业的选修课教材，还可供视觉设计相关从业者阅读和参考。

◆ 编　著　来　阳

　　责任编辑　韦雅雪

　　责任印制　胡　南

◆ 人民邮电出版社出版发行　　北京市丰台区成寿寺路 11 号

　　邮编　100164　　电子邮件　315@ptpress.com.cn

　　网址　https://www.ptpress.com.cn

　　临西县阅读时光印刷有限公司印刷

◆ 开本：787×1092　1/16

　　印张：11　　　　　　　　　　　　2025 年 3 月第 1 版

　　字数：332 千字　　　　　　　　　2025 年 7 月河北第 2 次印刷

定价：69.80 元

读者服务热线：(010)81055256　印装质量热线：(010)81055316

反盗版热线：(010)81055315

随着人工智能技术的迅猛发展，人工智能生成内容（Artificial Intelligence Generated Content，AIGC）已经成为艺术设计产业中一股不可忽视的力量。Stable Diffusion作为一款强大的开源AIGC绘画与视频生成软件，为设计师、艺术家乃至普通爱好者们打开了一个全新的艺术设计世界。

近年来，很多院校陆续开设了AIGC绘画与视频生成相关的课程。党的二十大报告中提到："教育、科技、人才是全面建设社会主义现代化国家的基础性、战略性支撑。"为了帮助广大院校培养优秀的视觉设计人才，本书以Stable Diffusion为蓝本，结合丰富的实战案例，深入浅出地讲解AIGC绘画与视频生成的原理与应用。

本书特色

本书的内容特色主要包括以下3个方面。

体系完整，讲解全面。本书条理清晰、内容丰富，覆盖Stable Diffusion AIGC绘画和视频生成相关的核心知识，内容深入浅出，零基础上手无压力。

实例丰富，步骤详细。本书精选了大量典型的实例，仔细拆解实例操作步骤，辅以大量图片、微课演示，便于读者理解、阅读，从而更好地学习和掌握Stable Diffusion AIGC绘画和视频生成的各项操作。

学练结合，实用性强。本书设置了大量与章节内容联系紧密的章节练习任务，帮助读者理解和巩固所学知识，具有较强的操作性和实用性。

教学建议

本书的参考学时为48学时，其中讲授环节为32学时，实训环节为16学时。各章的参考学时可参见下表。

章序	课程内容	学时分配	
		讲授环节	实训环节
第1章	初识AI绘画	2学时	1学时
第2章	文生图	4学时	2学时
第3章	图生图	2学时	1学时
第4章	Lora模型	6学时	3学时
第5章	图像控制	4学时	2学时
第6章	AI视频生成	6学时	3学时
第7章	综合实例	8学时	4学时
学时总计		32学时	16学时

配套资源

本书提供了丰富的配套资源，读者可登录人邮教育社区（www.ryjiaoyu.com），在本书页面中下载。

微课视频： 本书配套微课视频，支持线上线下混合式教学，读者扫码即可观看。

素材和效果文件： 本书提供了案例需要的素材和效果文件，素材和效果文件均以案例名称命名。

素材文件 **+** 效果文件

教学辅助文件： 本书为教师提供PPT课件、教学大纲、教学教案等。

PPT课件 **+** 教学大纲 **+** 教学教案

作者
2025年1月

目 录

第 1 章

初识AI绘画

本章导读

本章介绍AI绘画的概念、发展进程及相关软件。

学习要点

- ❖ 什么是AI绘画
- ❖ 熟悉Stable Diffusion软件界面

1.1 AI绘画概述

　　人工智能绘画，简称AI绘画（Artificial Intelligence Painting），通常是指使用人工智能技术根据用户输入的提示词及原始图像生成具备多种表现风格的绘画作品。AI绘画最早可追溯到上世纪70年代哈罗德•科恩与电脑程序艾伦控制实体机械手臂所进行的绘画创作。经过半个多世纪的发展，在深度学习理论、预训练模型、生成算法及计算机硬件大幅提升等多方面因素的影响下，AI绘画技术全面爆发，Stable Diffusion、Midjourney、文心一格、腾讯智影等一大批优秀的人工智能绘画软件如雨后春笋般出现在人们面前。越来越多的高校开始逐步将AI绘画应用到相关专业的课程之中。图1-1～图1-4所示为笔者使用Stable Diffusion绘制的不同风格的女孩角色形象。

图1-1　　　　　　　　　图1-2　　　　　　　　　图1-3　　　　　　　　　图1-4

1.2 学习AI绘画的意义

　　AI绘画的普及代表着一种新型的艺术作品表现形式出现了，这种使用计算机生成的艺术作品有其特殊的作用。例如，使用AI绘画可以显著提高文创设计、游戏艺术等领域的工作效率，而对于一些文字工作者来说，以输入文本的方式来生成插图则可以将纯文本的内容变得更加具象化。作为一种新兴的艺术形式，AI绘画目前发展迅猛，相信在不久的未来，AI绘画会像摄影一样成为一种新的艺术门类。

　　与传统绘画相比，AI绘画可以在很短的时间内根据艺术家输入的提示词及图片素材来生成大量图像，这种形式不但减轻了艺术家的工作负担，还可以为其提供丰富的创作灵感及素材来源。但AI绘画的本质仍然是以人为主导来进行的一项艺术创作，且目前AI绘画生成的图像误差较多，如果希望得到较为满意的图像效果，则需要我们在软件中不断调整提示词并尝试进行大量的图像生成，以期在众多的图像作品中择优选用。

1.3 AI绘画应用领域

　　AI绘画作为一种全新的艺术创作形式，可以应用在虚拟角色设计、海报制作、游戏美术、室内设计、建筑表现、园林景观及艺术创作等多个领域。图1-5～图1-12所示均为笔者使用Stable Diffusion绘制的AI绘画作品。

图1-5

图1-6

图1-7

图1-8

图1-9

图1-10

图1-11

图1-12

1.4 Stable Diffusion软件界面

　　Stable Diffusion由Stability AI公司发布，是一款可以快速生成高质量图像的AI绘画软件。如果读者拥有一台带有性能强劲显卡的计算机，则可以将Stable Diffusion软件安装在本地计算机上，并使用这台计算机进行AI绘画图像计算。另外，相比购买一台高性能计算机来说，读者还可以选择付费给第三方公司，使用其云部署的软件来进行AI图像的绘画。

目前，Stable Diffusion的软件界面类型常用的主要有3种：分别为WebUI（见图1-13）、WebUI Forge（见图1-14）及ComfyUI（见图1-15）。其中，WebUI较为稳定，插件兼容性较好，使用人数相对较多；WebUI Forge与WebUI较为相似，主要增加了对Flux模型的支持，目前仅支持部分插件，对计算机的硬件配置要求要高一些；ComfyUI为节点式编辑，用户具有一定的WebUI使用经验后再使用会较容易上手。综上所述，本书实例均以WebUI为主来进行讲解。

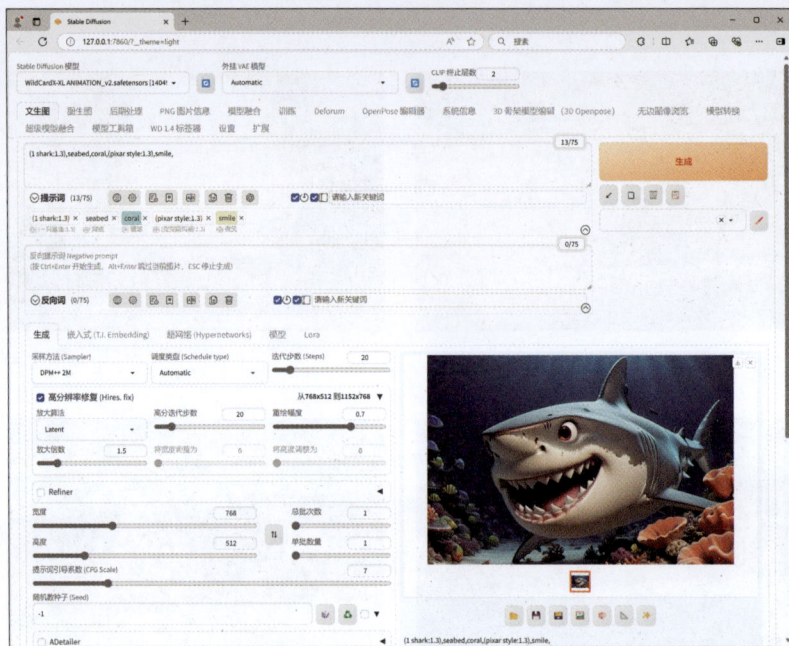

图1-13

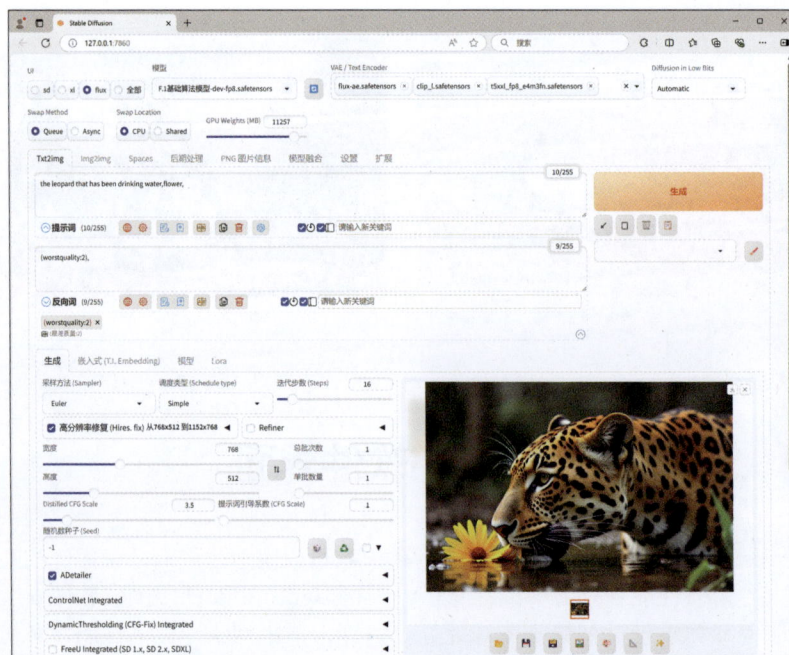

图1-14

4

Stable Diffusion AIGC绘画与视频生成基础教程（微课版）

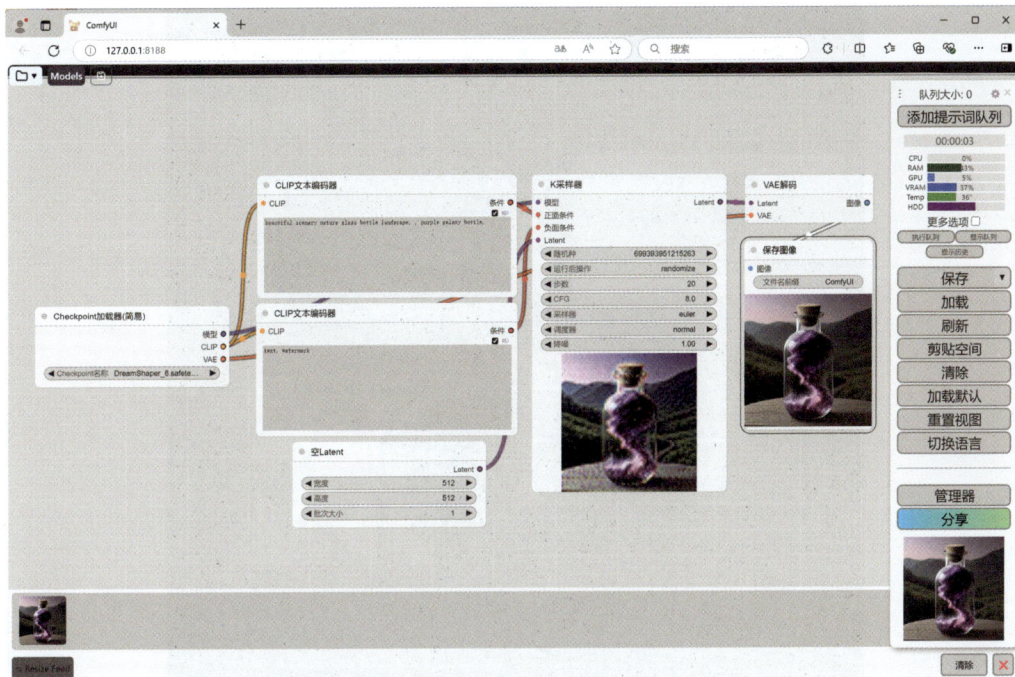

图1-15

根据官方说明，在个人计算机上安装Stable Diffusion软件较为复杂，比较推荐直接安装Stable Diffusion WebUI整合包，如bilibili 知名UP主发布的绘世启动器，如图1-16所示。单击页面右下角的"一键启动"按钮后，即可在网页浏览器中打开Stable Diffusion软件界面。需要注意的是，本地安装Stable Diffusion软件完成后，还需要读者单独去Civitai或哩布liblibAI网站下载模型素材，并将模型复制到软件提示的文件夹内才能使用。

图1-16

读者还可以选择使用云部署Stable Diffusion软件的第三方公司提供的产品来进行AI绘画创作，如网易云课堂AI设计工坊、哩布LiblibAI、吐司TusiArt，如图1-17～图1-19所示。

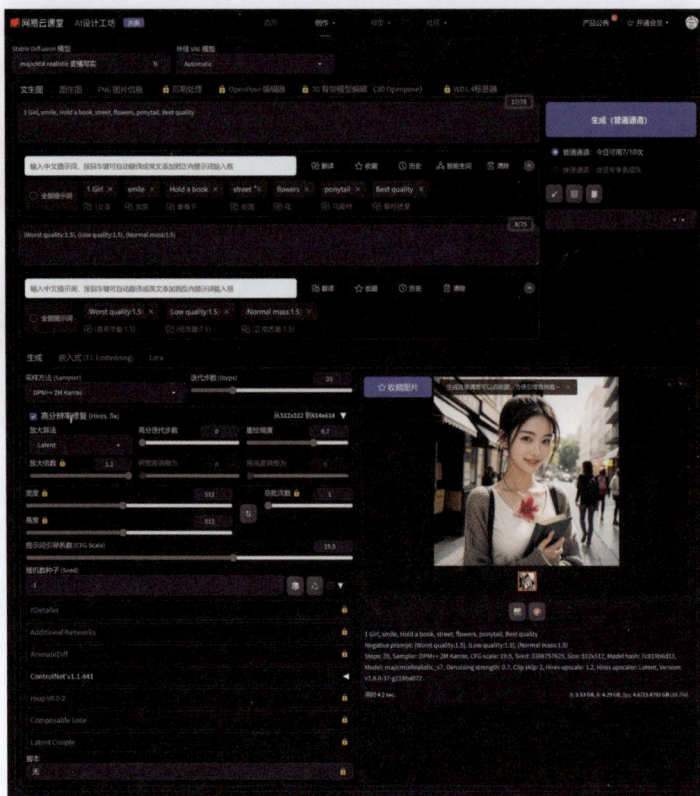

图1-17

图1-18

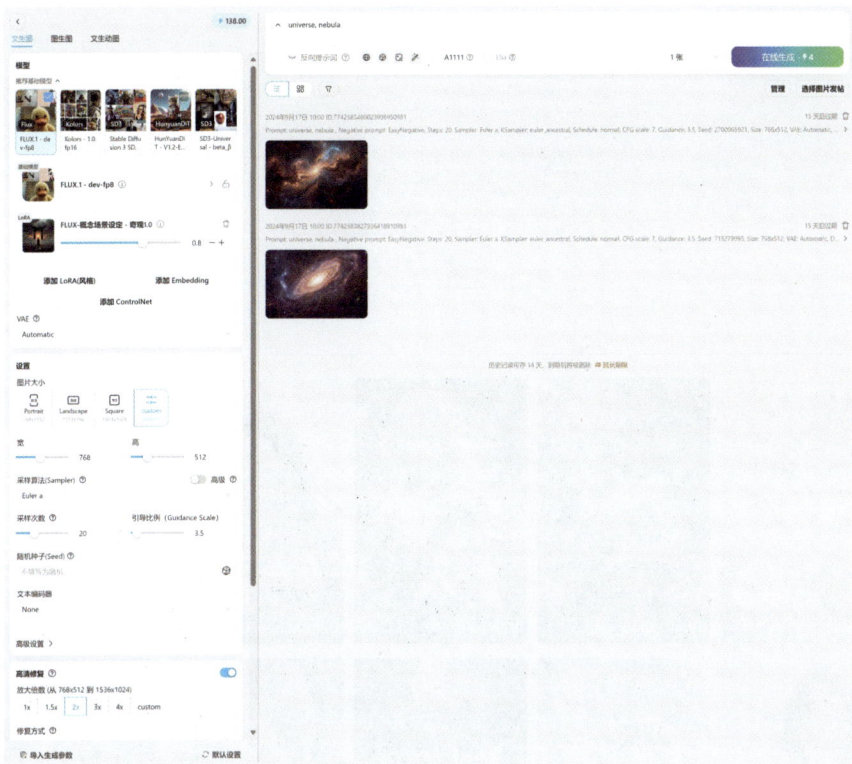

图1-19

1.4.2 Stable Diffusion模型基础

使用Stable Diffusion进行AI绘画时，第一步需要先选择合适的Stable Diffusion模型。Stable Diffusion模型有时也被称为Checkpoint模型，会对AI绘画作品的内容及效果起到决定性的作用，比如当用户要生成一张人物角色的AI绘画作品时，需要先选择相关的人物角色模型，如果用户选择的是一个建筑模型，则很难得到较为满意的图像，甚至可能会得到较为混乱的图像结果。所以在输入提示词之前，用户选择合适的Stable Diffusion模型是尤为重要的。

Stable Diffusion的一个重要优势在于其拥有成百上千的开源模型，用户可以通过Civitai、吐司TusiArt、哩布LiblibAI等网站下载AI绘画爱好者制作的各类模型。Stable Diffusion模型根据基础算法目前主要分为SD、SDXL、Pony、Flux等多种类型，这些模型文件通常都比较大，一般为2GB～22GB，如图1-20所示。所以本地安装Stable Diffusion之后，读者还应考虑预留足够的硬盘空间用于存储这些模型文件。

名称	修改日期	类型	大小
STOIQONewrealityFLUXSD_F1DPreAlpha.safetensors	2024/9/17 21:34	SAFETENSORS 文件	21,329,267 KB
F.1基础算法模型-dev-fp8.safetensors	2024/9/18 19:49	SAFETENSORS 文件	11,622,584 KB
DreamShaper_8.safetensors	2024/9/13 22:14	SAFETENSORS 文件	2,082,643 KB

图1-20

对于选择本地安装的用户来说，Stable Diffusion模型通常需要放置在软件根目录的models\Stable-diffusion文件夹中。用户将下载好的Stable Diffusion模型文件复制到Stable-diffusion文件夹后，即可在网页页面顶端左侧的"Stable Diffusion模型"下拉列表中选择这些模型，如图1-21所示。用户也可以在"模型"选项卡中选择这些下载的模型，如图1-22所示。

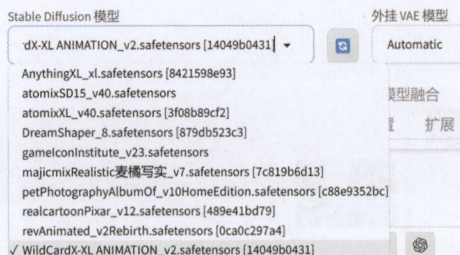

图1-21

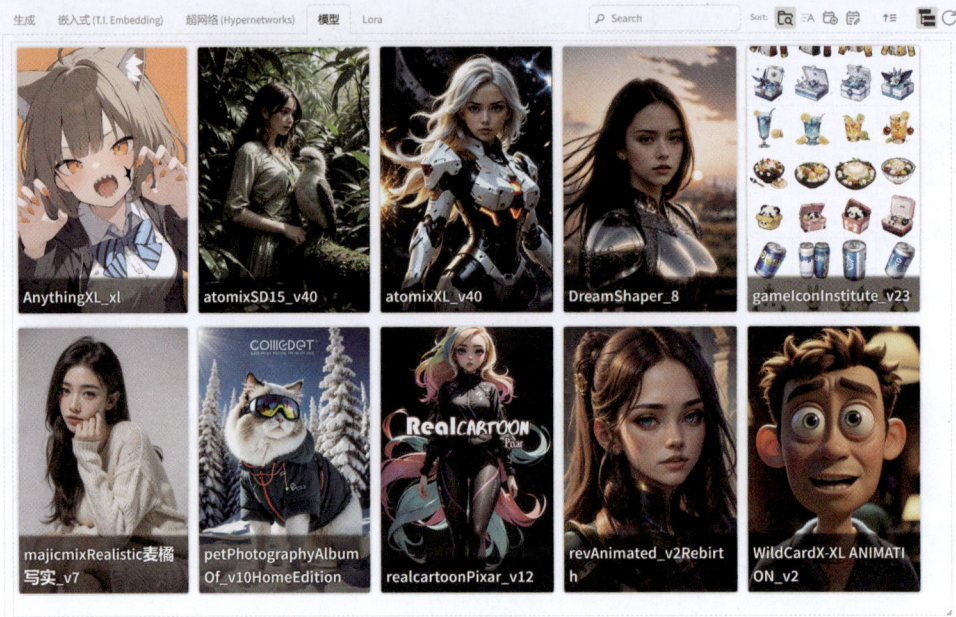

图1-22

技巧与提示　下载好的模型一定要配一张该模型作者绘制的图片，图片的名称与模型名称应保持一致，这样Stable Diffusion可以将该图片当作对应模型的缩略图显示出来。

1.4.3 功能选项卡

功能选项卡汇集了Stable Diffusion的各种功能，以绘世启动器为例，功能选项卡共分为文生图、图生图、后期处理、PNG图片信息、模型融合、训练、无边图像浏览、模型转换、超级模型融合、模型工具箱、WD 1.4标签器、设置和扩展这13个部分，如图1-23所示。

图1-23

安装好Stable Diffusion软件后，读者还可以选择安装Stable Diffusion的一些扩展应用插件，有些插件可以更好地控制角色的身体姿势、手势及面容，并且可以进行AI视频创作。在"扩展"选项卡中，用户可以单击"加载扩展列表"按钮，在下方显示出来的扩展程序列表中选择更多的扩展应用进行安装，如图1-24所示。

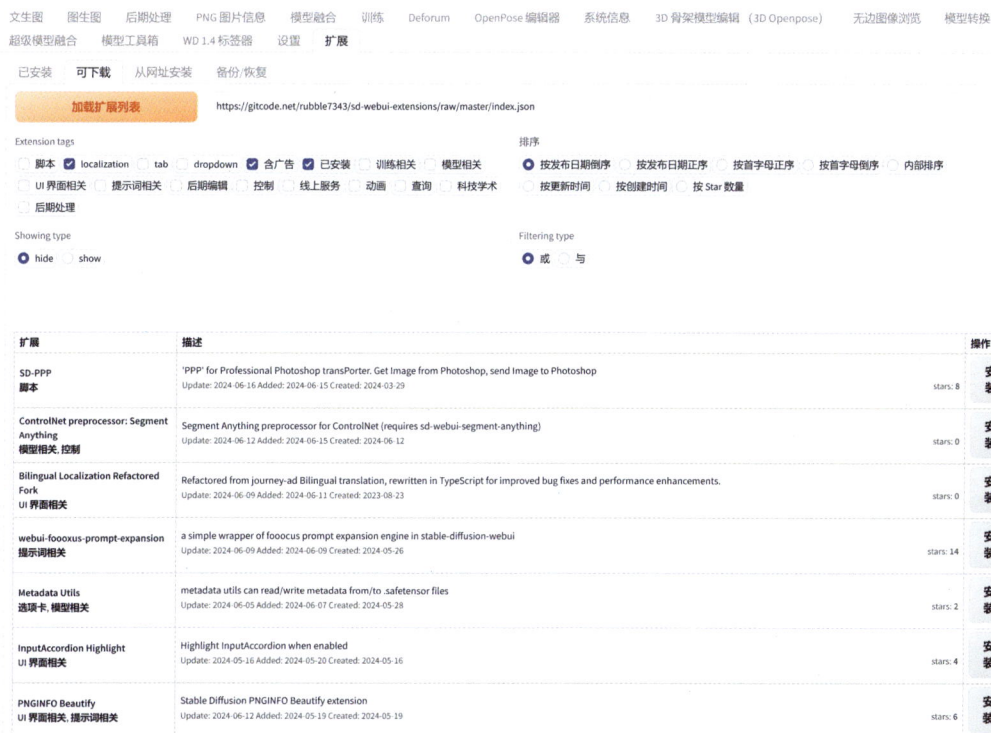

图1-24

1.4.4 提示词文本框

　　Stable Diffusion目前仅支持英文，也就是说，用户需要在提示词文本框内输入英文才可以正确生成AI绘画作品。提示词文本框下方按不同分类提供了大量的中英文对照选项，其中几乎涵盖了大部分常用提示词，如图1-25所示。

图1-25

1.4.5 "生成"选项卡

　　"生成"选项卡主要用于设置有关图像生成的一些参数，如图1-26所示。

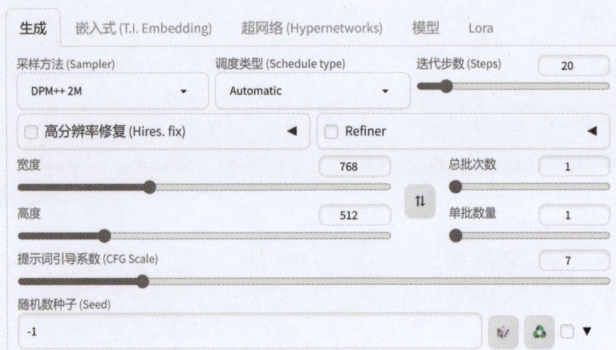

图1-26

> **技巧与提示** 早期很多的Stable Diffusion模型是基于512像素×512像素的图片进行训练的,所以当用户期望生成1024像素×1024像素或更高分辨率的图像时,Stable Diffusion会试图将多幅图像的内容一起嵌入AI绘画作品中,较易生成明显的图像拼接效果。

1.4.6 "Lora"选项卡

Lora模型常用于画面微调,该模型的文件通常较小,通常约为10MB~600MB,必须与Stable Diffusion模型搭配使用。对于选择本地安装的用户来说,Lora模型则需要放置在软件根目录的models\Lora文件夹中,如图1-27所示。

名称	修改日期	类型	大小
F.1-喵咔毛线世界_玩出毛线v2.0.safetensors	2024/9/18 21:42	SAFETENSORS 文件	18,807 KB
F.1儿童简笔画风_v1.0.safetensors	2024/9/18 21:46	SAFETENSORS 文件	598,389 KB
anxiang 暗香.safetensors	2024/2/17 15:19	SAFETENSORS 文件	147,568 KB

图1-27

用户将下载好的Lora模型文件复制到Lora文件夹后,即可在网页页面下方的"Lora"选项卡中选择这些模型,如图1-28所示。

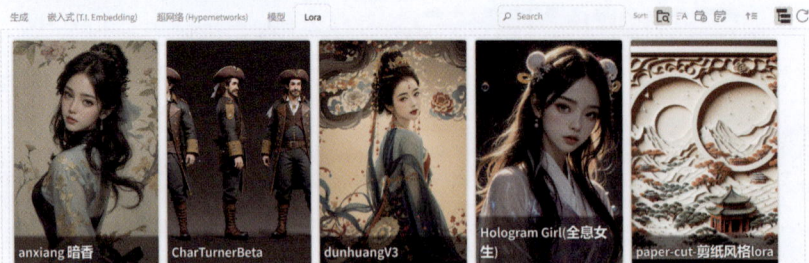

图1-28

第 2 章　文生图

本章导读

本章讲解如何在Stable Diffusion中输入提示词来绘制图像。

学习要点

- ❖ 提示词的类型
- ❖ 如何输入提示词
- ❖ 绘制虚拟人物及动物角色
- ❖ 绘制场景效果图

2.1 文生图概述

　　文生图，即通过文字描述来生成图像，这种人工智能技术是目前所有AI绘画软件的基本功能之一。而这些文字描述在各个AI绘画软件中又被称为提示词、创意、关键词等，是用来生成图像的关键指令。在Stable Diffusion中，文字描述被称为关键词，用户既可以先输入中文关键词再将其翻译为英文，又可以直接输入英文关键词。AI绘画软件普遍具有随机性，这一特点也就意味着用户即使使用同样的模型和提示词，也会绘制出不一样的图像效果。图2-1所示为输入相同提示词得到的4幅不同的图像效果。

图2-1

2.2 常用的Stable Diffusion模型

　　Stable Diffusion模型也被称为Stable Diffusion模型、大模型、主模型或底模型，是用户进行AI绘画时设置的第一个参数。Stable Diffusion模型多种多样，在Civitai网站上有着大量AI绘画爱好者上传的Stable Diffusion模型。这些下载好的Stable Diffusion模型需要用户自己配一张使用该模型生成的图片来作为模型的缩略图，这样可以方便用户快速查找所需的模型，如图2-2所示。在学习关键词之前，可以先了解Civitai网站中常用的Stable Diffusion模型。

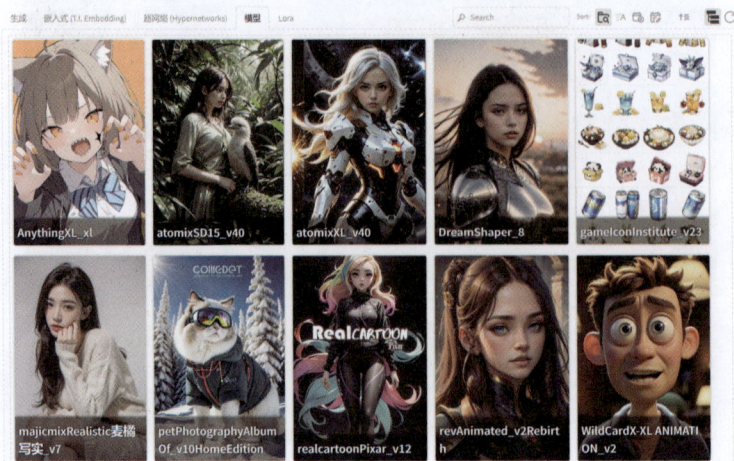

图2-2

2.2.1 "DreamShaper" 模型

"DreamShaper" 模型用于绘制虚拟角色、产品及场景等图像效果，属于综合类大模型，如图2-3所示。

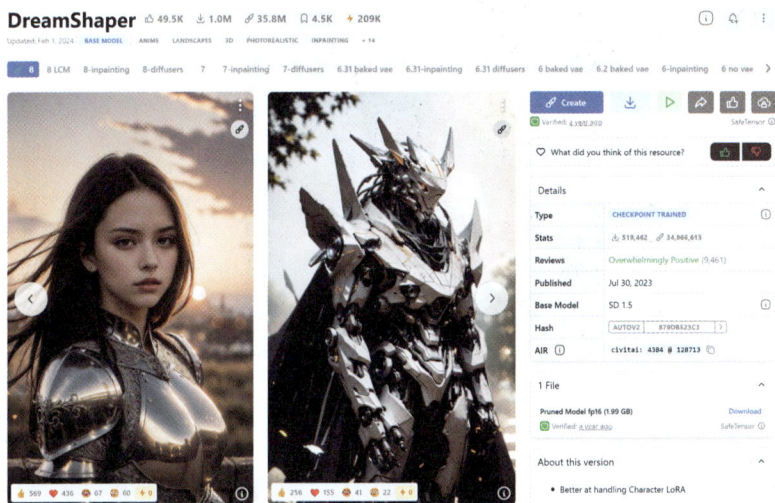

图2-3

2.2.2 "RealCartoon-Pixar" 模型

"RealCartoon-Pixar" 模型用于绘制皮克斯动画风格的角色效果，如图2-4所示。

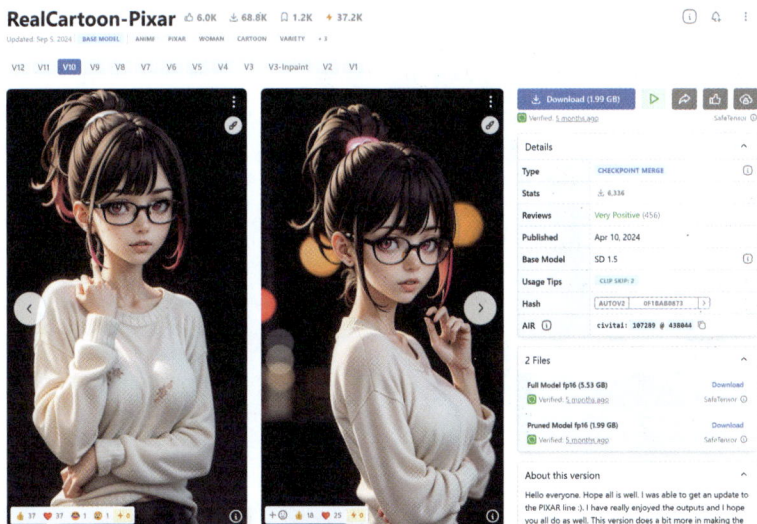

图2-4

2.2.3 "WildCardX-XL ANIMATION" 模型

"WildCardX-XL ANIMATION" 模型用于绘制卡通风格的图像效果，如图2-5所示。

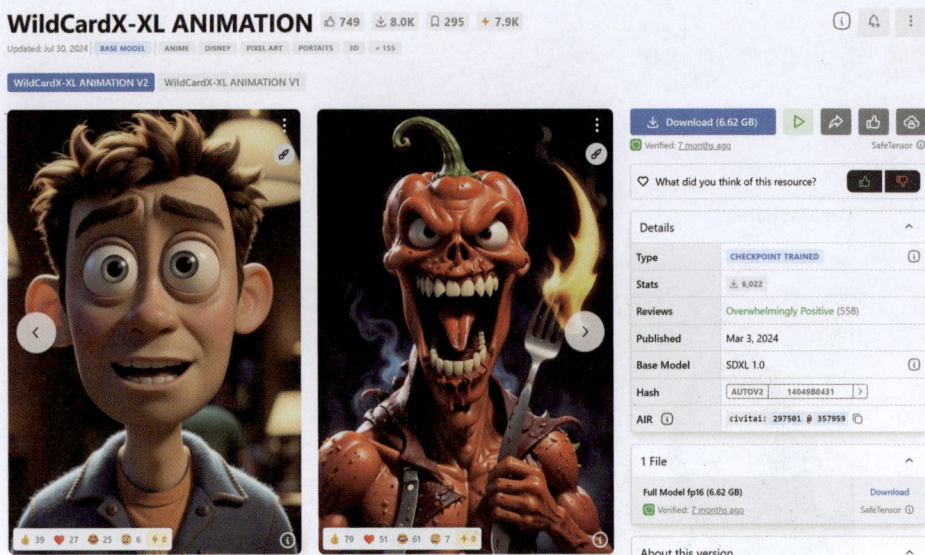

图2-5

2.2.4　"majicmixRealistic麦橘写实"模型

"majicmixRealistic麦橘写实"模型用于绘制真实细腻的女性角色图像，如图2-6所示。

图2-6

2.2.5　"Pet Photography Album of Animals"模型

"Pet Photography Album of Animals"模型用于绘制可爱的猫狗图像，如图2-7所示。

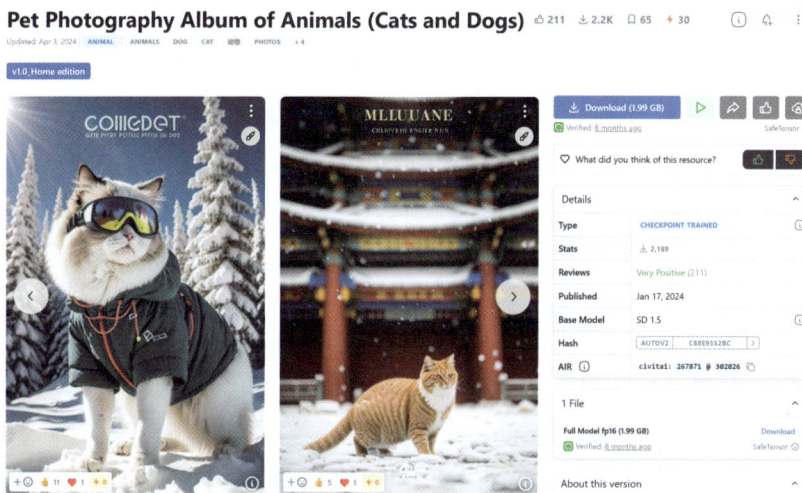

图2-7

2.2.6 "Atomix XL" 模型

"Atomix XL"模型用于绘制细节极高的角色及场景图像，如图2-8所示。

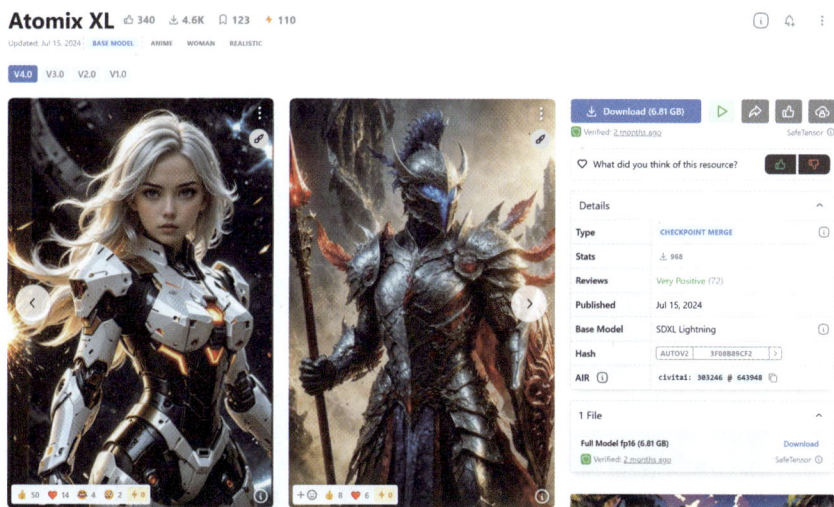

图2-8

技巧与提示　Stable Diffusion模型非常多，限于篇幅，本章仅介绍了接下来实例中使用到的一些模型，读者在阅读本书的其他章节时还会接触到更多的Stable Diffusion模型。

2.3 关键词

在Stable Diffusion中，关键词分为提示词（Prompt）和反向词（Negative Prompt），也称为正向提示词和反向提示词。用户可以分别在对应的文本框内输入提示词和反向词来控制图像中出现的内容及避免出现的内容，如图2-9所示。需要注意的是，用户输入提示词后并不一定会得到与提示词完全对应的图像内容，目前市面上的大部分AI绘画软件在绘图时均普遍存在一定的随机性和偶然性。

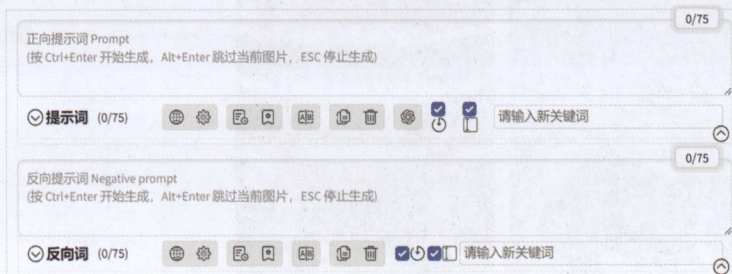

图2-9

2.3.1 提示词

提示词用于描述图像里将要包含的内容，比如输入中文："花瓶，室内，阳光，玫瑰，"，翻译过来的英文为"vase,indoor,sunshine,rose,"，如图2-10所示。这些提示词生成的图像效果如图2-11所示。

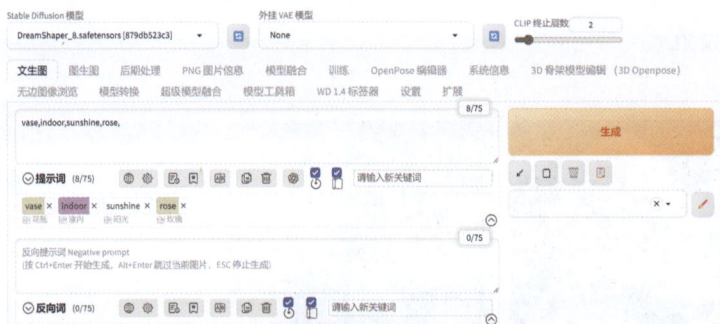

图2-10

图2-11

2.3.2 反向词

反向词用于设置图像中不希望出现的内容，如商标、水印、签名、低质量的图像效果等。另外，合适的反向词还有利于提高绘制图像的质量。图2-12所示为使用反向词前后的图像质量效果对比，可以看出使用了反向词后，角色的皮肤质感及细节精致程度得到了明显提升。

图2-12

2.4 课堂实例：绘制一辆跑车

微课视频

制作海报时，可以借助AI绘画工具来获取相关的图片素材。本实例使用"文生图"来绘制一辆跑车图像，图2-13所示为绘制完成的图像效果。需要读者注意的是，由于AI绘画的随机性和偶然性特点，读者即使输入相同的提示词也不会得到与本实例一模一样的图像效果，但会得到风格及内容较为相似的图像效果。

图2-13

（1）启动Stable Diffusion WebUI界面，在"模型"选项卡中单击"DreamShaper_8"，如图2-14所示，将其设置为"Stable Diffusion模型"。

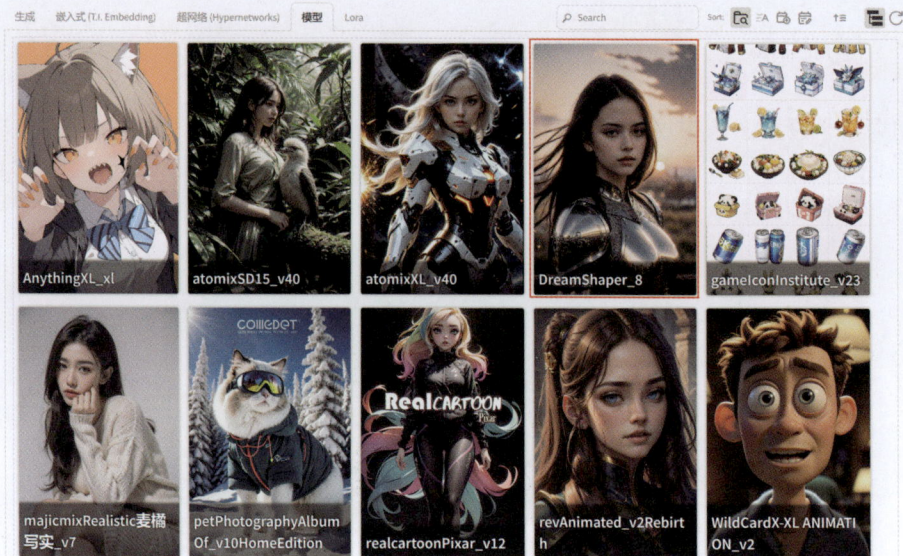

图2-14

（2）在"文生图"选项卡中输入中文提示词："红色跑车，公路，蓝天，云，城市"后，按回车键可以生成对应的英文："red sports car,highway,blue sky,cloud,city,"，如图2-15所示。

图2-15

💡 **技巧与提示** 由于Stable Diffusion单机版和在线版内置的翻译软件不同，所以本书所有实例的提示词以英文为准，读者输入中文提示词后再仔细核对生成的英文提示词。

（3）在"生成"选项卡中设置"迭代步数（Steps）"为40，"宽度"为768，"高度"为512，"总批次数"为2，如图2-16所示。

（4）设置完成后，单击"生成"按钮，如图2-17所示。

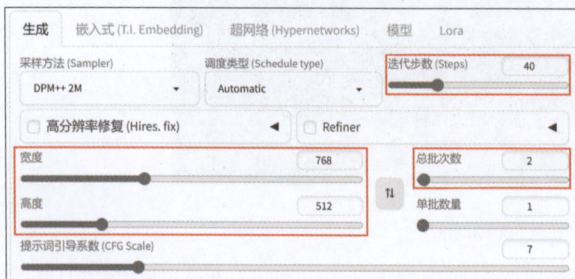

图2-16

图2-17

（5）绘制出来的图像效果如图2-18所示。

图2-18

目前，AI绘画软件还较难绘制出准确的文字效果，所以在本例中，车牌上的文字读者可以理解为文字形状的图案。

（6）勾选"高分辨率修复（Hires.fix）"，设置"高分迭代步数"为20，"重绘幅度"为0.5，如图2-19所示。

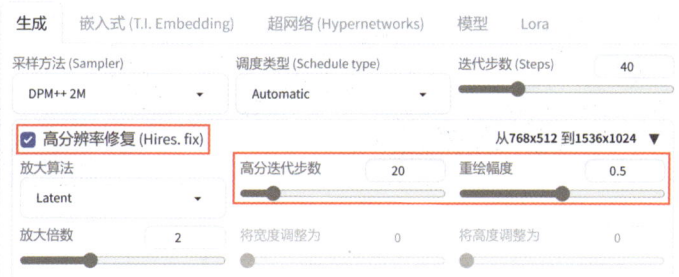

图2-19

（7）单击"生成"按钮，再次重绘图像，绘制出来的图像效果如图2-20所示。

图2-20

读者在绘制图像时，图像的分辨率不要设置得太高，否则较易出现明显的图像拼接效果，建议使用"高分辨修复"来适当提高图像的分辨率。

（8）在"反向词"文本框内输入："低质量，低分辨率，正常质量，最差质量"，按回车键将其翻译为英文："low quality,lowres,normal quality,worstquality,"，并调高这些反向词的权重均为2，如图2-21所示。

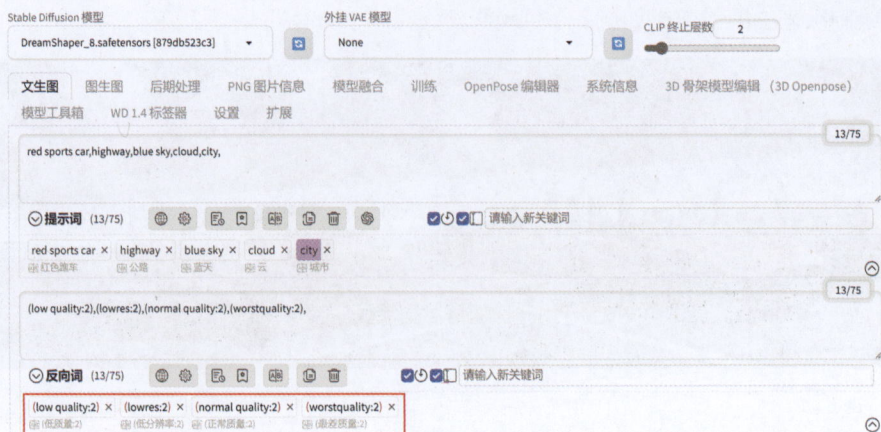

图2-21

（9）单击"生成"按钮，再次重绘图像，绘制出来的图像效果如图2-22所示。

图2-22

💡 **技巧与提示**　使用合适的反向词可以有效提高图像的细节质量。

2.5 课堂实例：绘制写实风格女性角色

本实例使用"文生图"来绘制一个写实风格的虚拟女生图像，图2-23所示为本实例绘制完成的图像效果。

图2-23

微课视频

（1）启动Stable Diffusion WebUI界面，在"模型"选项卡中单击"majicmixRealistic麦橘写实_v7"，如图2-24所示，将其设置为"Stable Diffusion模型"。

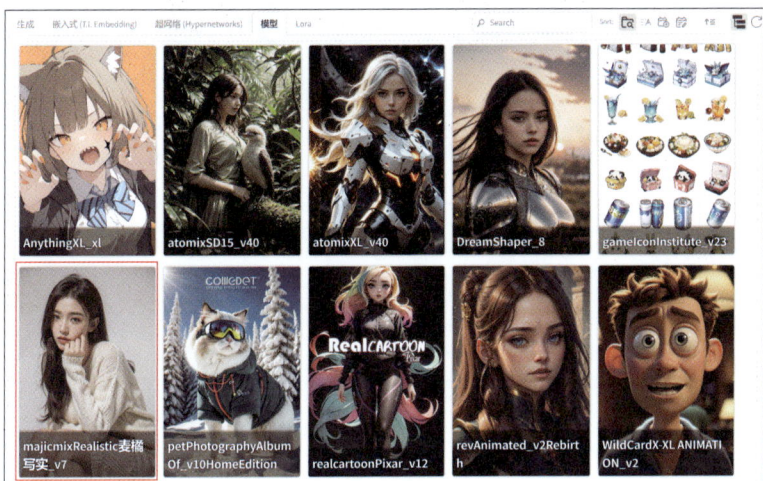

图2-24

（2）在"文生图"选项卡中输入中文提示词："1女孩，黑色头发，短发，红色条纹衬衣，领带，上半身，微笑，海边"后，按回车键生成对应的英文："1girl，black hair，short hair，red striped shirt，necktie，upper_body，smile，over the sea，"，如图2-25所示。

图2-25

（3）在"生成"选项卡中设置"迭代步数（Steps）"为40，"宽度"为768，"高度"为512，"总批次数"为2，如图2-26所示。

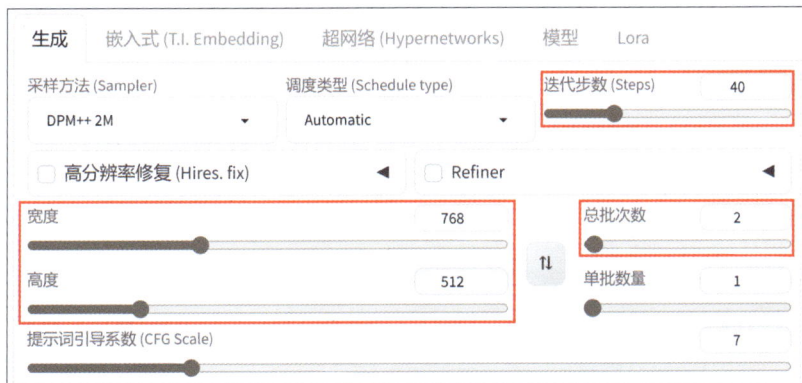

图2-26

（4）设置完成后，单击"生成"按钮，绘制出来的图像效果如图2-27所示，可以看出绘制出来的图像内容基本符合之前输入的提示词。

图2-27

（5）勾选"高分辨率修复（Hires.fix）"，设置"高分迭代步数"为20，"重绘幅度"为0.5，如图2-28所示。

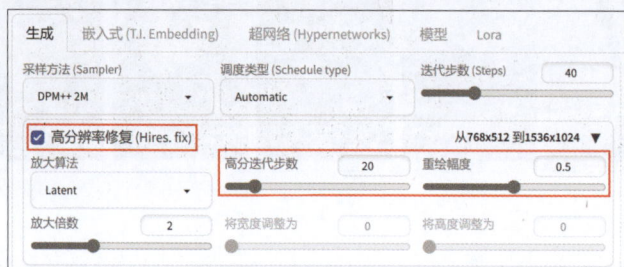

图2-28

（6）单击"生成"按钮，再次重绘图像，绘制出来的图像效果如图2-29所示。仔细观察图像，不难发现角色的头发及衣服上的纹理看起来都显得有些模糊。

图2-29

（7）在"反向词"文本框内输入："低质量，低分辨率，正常质量，最差质量"，按回车键将其翻译为英文："low quality,lowres,normal quality,worst quality,"，并调高这些反向词的权重均为2，如图2-30所示。

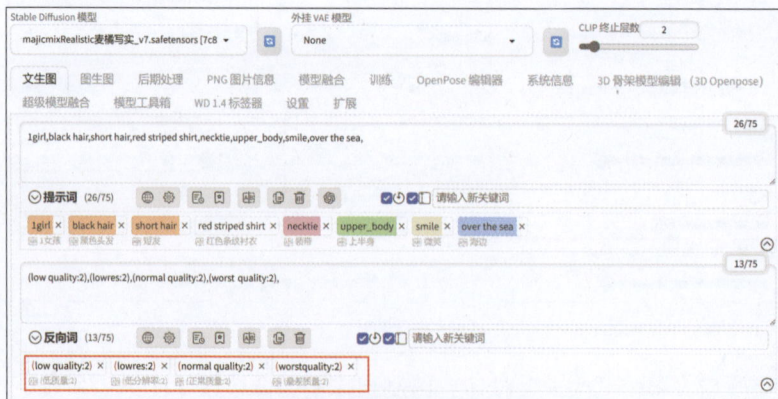

图2-30

（8）重绘图像，本实例最终图像效果如图2-31所示。通过对比可以发现，使用反向词后的图像质量有了明显提升。

图2-31

2.6 课堂实例：绘制三维动画风格女性角色

本实例使用"文生图"来绘制一个三维动画风格的虚拟女生图像，图2-32所示为本实例绘制完成的图像效果。

（1）启动Stable Diffusion WebUI界面，在"模型"选项卡中单击"realcartoonPixar_v12"，如图2-33所示，将其设置为"Stable Diffusion模型"。

微课视频

图2-32

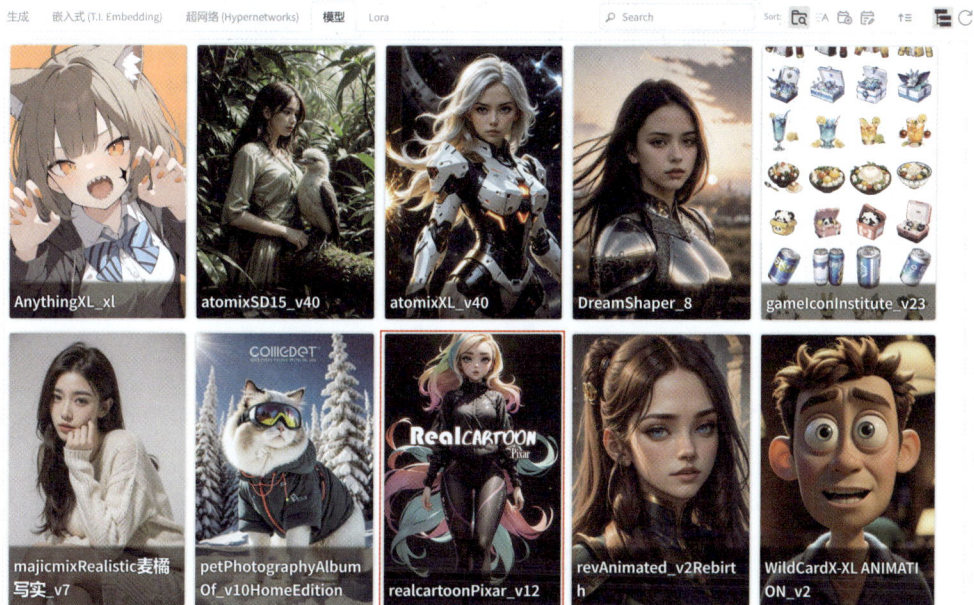

图2-33

（2）在"文生图"选项卡中输入中文提示词："1女孩，微笑，黑色长发，马尾辫，白色毛衣，上半身，街道，夜晚，霓虹灯"后，按回车键生成对应的英文："1girl,smile,long black hair,ponytail,white sweater,upper_body,street,night,neon lights,"，如图2-34所示。

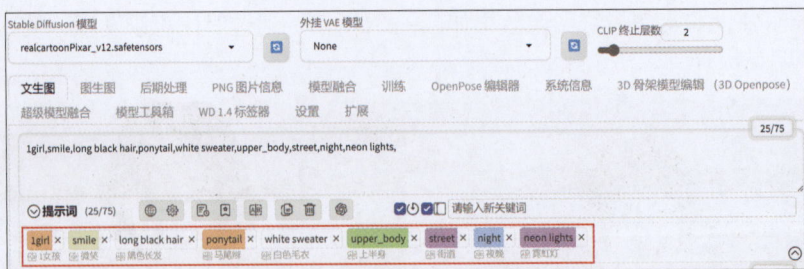

图2-34

（3）在"生成"选项卡中设置"迭代步数（Steps）"为40，"宽度"为768，"高度"为512，"总批次数"为2，如图2-35所示。

（4）勾选"高分辨率修复（Hires.fix）"，设置"高分迭代步数"为20，"重绘幅度"为0.5，如图2-36所示。

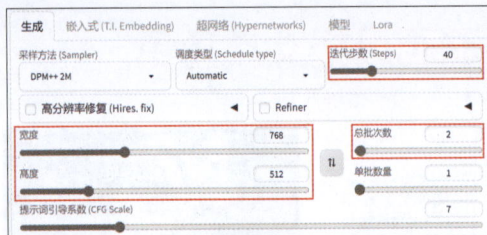

图2-35

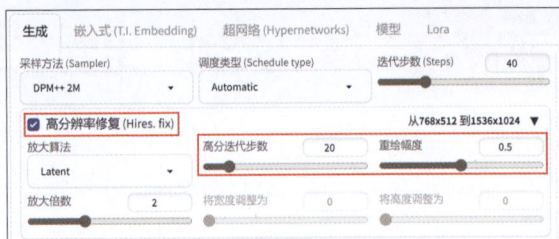

图2-36

（5）单击"生成"按钮，绘制出来的图像效果如图2-37所示。图像效果看起来有点模糊。

图2-37

（6）在"反向词"文本框内输入："低质量，低分辨率，正常质量，最差质量"，按回车键将其翻译为英文："low quality,lowres,normal quality,worst quality,"，并调高这些反向词的权重均为2，如图2-38所示。

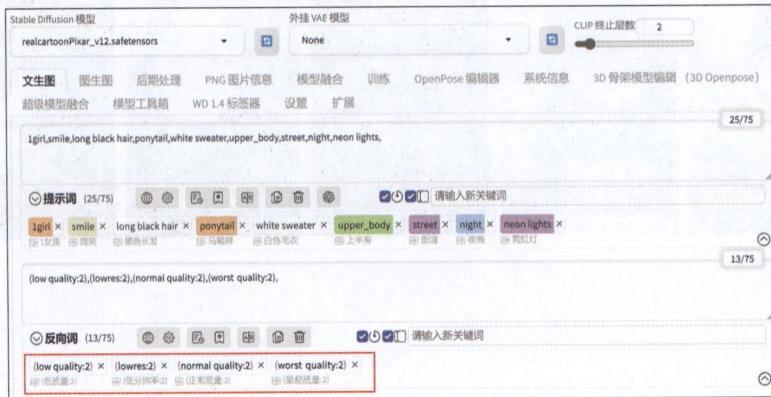

图2-38

（7）重绘图像，本实例最终图像效果如图2-39所示。

图2-39

读者可以尝试将"realcartoonPixar_v12"模型更换为"majicmixRealistic麦橘写实_v7"模型，得到写实风格的女性角色效果，如图2-40所示。

技巧与提示

图2-40

2.7 课堂实例：绘制一只哈士奇犬

本实例使用"文生图"来绘制一只写实风格的哈士奇犬图像，图2-41所示为绘制完成的图像效果。

图2-41

微课视频

（1）启动Stable Diffusion WebUI界面，在"模型"选项卡中单击"petPhotographyAlbumOf_ v10HomeEdition", 如图2-42所示, 将其设置为 "Stable Diffusion模型"。

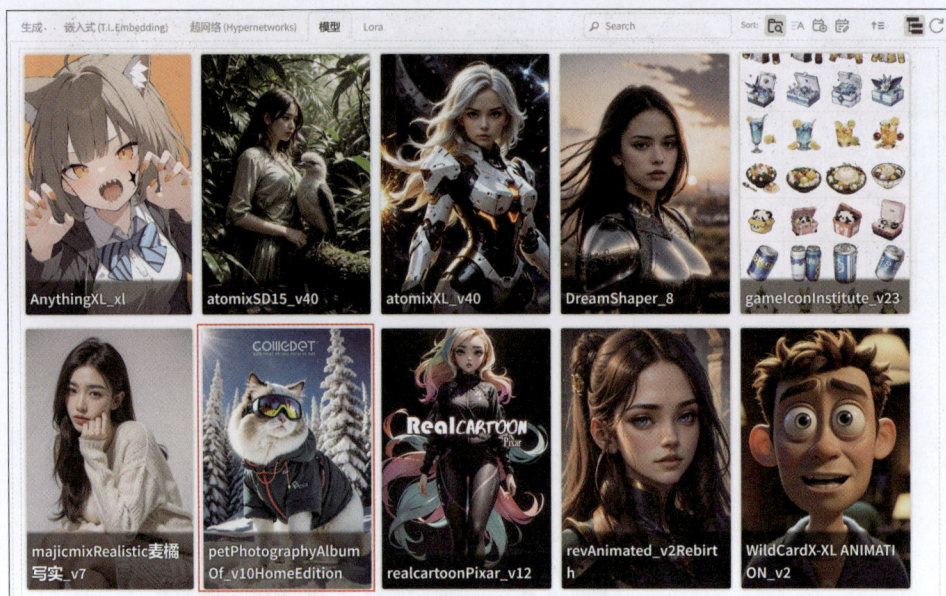

图2-42

（2）在"文生图"选项卡中输入中文提示词："一只狗，哈士奇，脸部特写，雪，最高质量"后，按回车键生成对应的英文："1 dog,husky,face close-up,snow,highest quality,"，如图2-43所示。

图2-43

（3）在"生成"选项卡中设置"迭代步数（Steps）"为40，"宽度"为768，"高度"为512，"总批次数"为2，如图2-44所示。

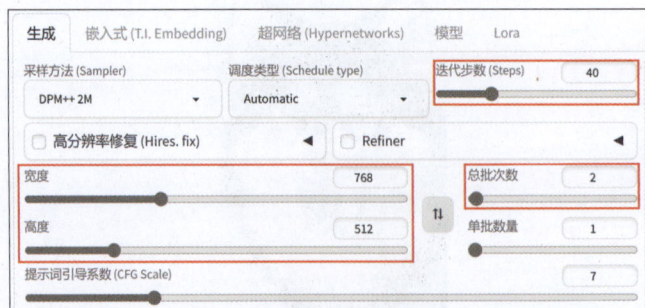

图2-44

（4）勾选"高分辨率修复（Hires.fix）"，设置"高分迭代步数"为20，"重绘幅度"为0.5，如图2-45所示。

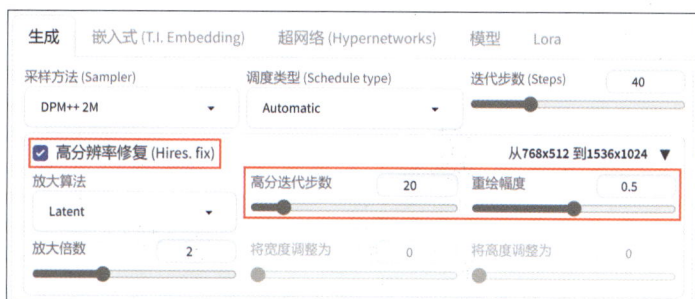

图2-45

（5）单击"生成"按钮，绘制出来的图像效果如图2-46所示。

图2-46

（6）单击Switch width/height按钮，将图像的"宽度"和"高度"值进行交换，如图2-47所示。

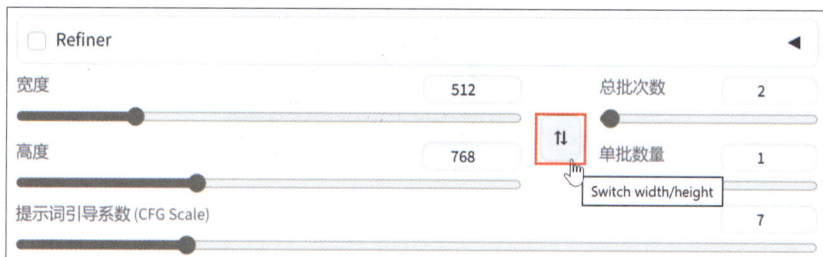

图2-47

（7）重绘图像，本实例最终图像效果如图2-48所示。

图2-48

读者也可以尝试更换提示词绘制其他动物，图2-49所示为使用该模型绘制出来的猫咪图像效果。

技巧与提示

图2-49

2.8 课后习题：绘制三维动画风格动物角色

本习题使用"文生图"来绘制一只三维动画风格的动物图像，图2-50所示为绘制完成的图像效果。

图2-50

微课视频

（1）启动Stable Diffusion WebUI界面，在"模型"选项卡中单击"WildCardX-XL ANIMATION_v2"，如图2-51所示，将其设置为"Stable Diffusion模型"。

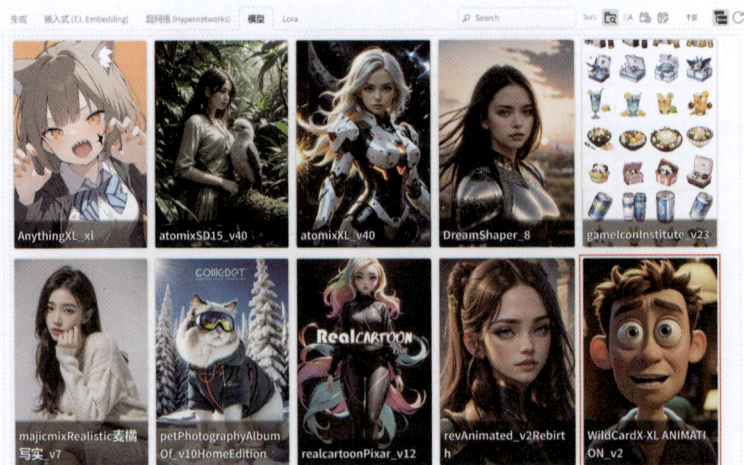

图2-51

（2）在"文生图"选项卡中输入中文提示词："微笑的狮子，戴着花环和鲜花，在草地上，阳光，皮克斯风格，脸部特写，最高质量，杰作"后，按回车键生成对应的英文："the smiling lion，wearing garlands and flowers，on the grass，sunshine，pixar style，face close-up，highest quality，masterpiece，"，如图2-52所示。

图2-52

（3）在"生成"选项卡中设置"迭代步数（Steps）"为40，"宽度"为768，"高度"为512，"总批次数"为2，如图2-53所示。

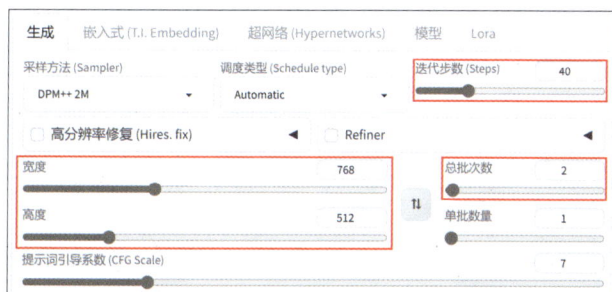

图2-53

（4）勾选"高分辨率修复（Hires.fix）"，设置"高分迭代步数"为20，"重绘幅度"为0.5，"放大倍数"为1.5，如图2-54所示。

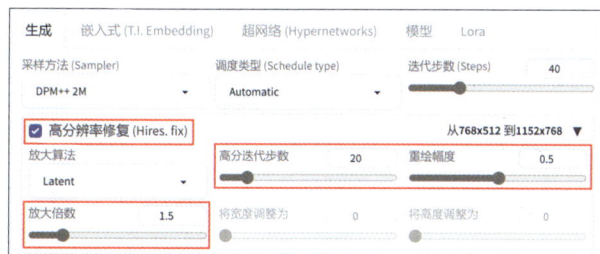

图2-54

（5）单击"生成"按钮，绘制出来的图像效果如图2-55所示，看起来头上的花环及鲜花的效果不是很明显。

图2-55

（6）将提示词"戴着花环和鲜花"的权重提高至1.5，如图2-56所示。

图2-56

（7）重绘图像，本习题最终图像效果如图2-57所示。

图2-57

读者可以将狮子换为斑马、猫、老虎、熊猫等其他动物，得到图2-58所示的图像效果。

图2-58

2.9 课后习题：绘制动画场景

微课视频

本习题使用"文生图"来绘制一幅动画场景图像，图2-59所示为绘制完成的图像效果。

图2-59

（1）启动Stable Diffusion WebUI界面，在"模型"选项卡中单击"atomixXL_v40"，如图2-60所示，将其设置为"Stable Diffusion模型"。

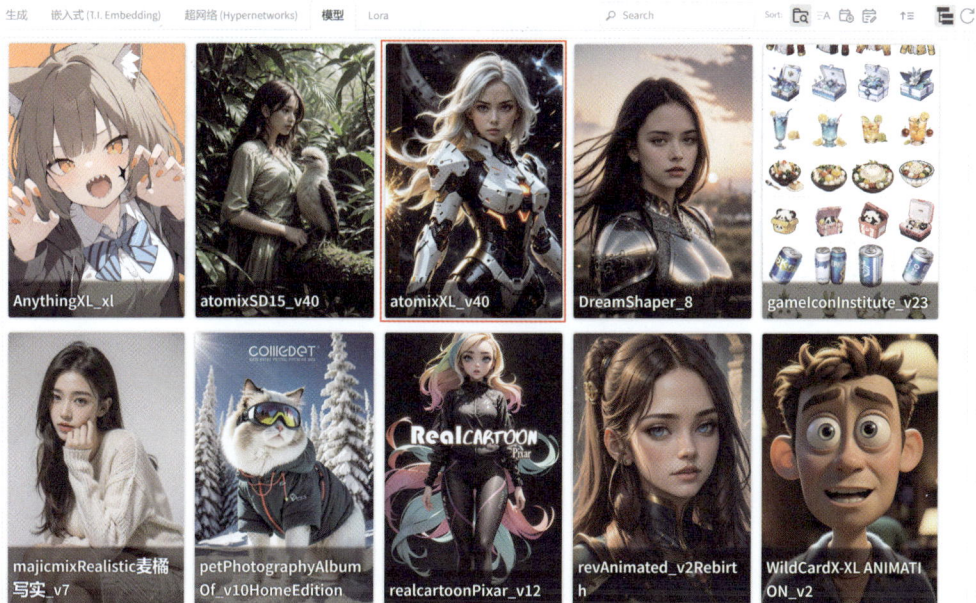

图2-60

（2）在"文生图"选项卡中输入中文提示词："喷泉，马雕塑，地砖，圆形水池，村庄，罗马风格建筑，没有人类，蓝天，云，树，花，最好质量"后，按下回车键生成对应的英文："fountain,horse sculpture,floor tile,circular pool,village,Roman style architecture,no human,blue sky,cloud,tree,flower,best quality,"，如图2-61所示。

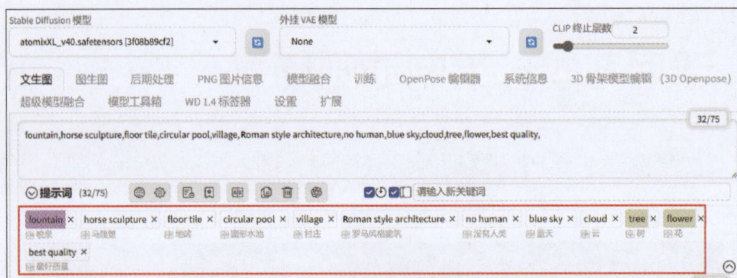

图2-61

（3）在"生成"选项卡中设置"迭代步数（Steps）"为40，"宽度"为768，"高度"为512，"总批次数"为2，如图2-62所示。

（4）勾选"高分辨率修复（Hires.fix）"，设置"高分迭代步数"为20，"重绘幅度"为0.5，如图2-63所示。

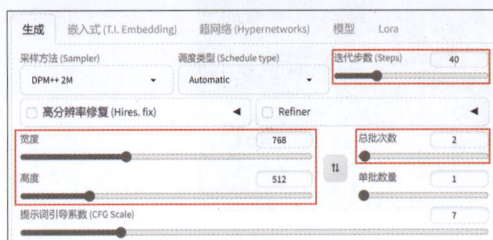

图2-62

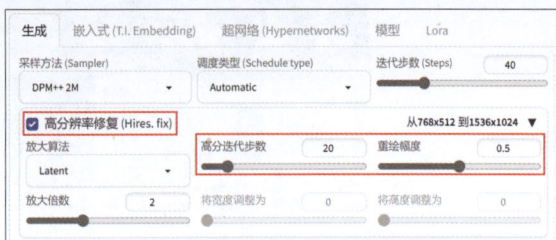

图2-63

（5）单击"生成"按钮，绘制出来的图像效果如图2-64所示。

图2-64

💡 技巧与提示　本习题可以为学习场景设计的同学带来一些创意灵感。

第 3 章

图生图

本章导读

本章讲解在Stable Diffusion中使用图像来生成图像的方法。

学习要点

❖ 了解"图生图"工具

❖ 使用"涂鸦"重绘图像

❖ 使用"局部重绘"重绘图像

❖ 使用"涂鸦重绘"重绘图像

3.1 图生图概述

图生图，即根据一张图像并配以文字描述来生成图像，与文生图一样，图生图也是目前所有AI绘画软件的基本功能之一。图生图可以使用一张现有的图像来控制画面的构图、角色的大概姿势以更换现有图片的艺术风格。图生图的工作方式与文生图有所区别，其原理是在初始图像的基础上添加噪点，再根据用户输入的提示词进行修改去噪以绘制出新的图像。图3-1所示为使用图生图技术绘制出来的新旧图像对比，可以看出这两幅图像的人物面部风格差异较为明显，但是所表现内容极为相近。

图3-1

3.2 图生图工具

图生图需要用户上传一张参考图，Stable Diffusion会根据参考图重新绘制，在学习实例前，我们先了解与图生图有关的一些工具。

3.2.1 涂鸦

"涂鸦"选项卡允许用户上传一张涂鸦草稿来生成细节丰富的图像，Stable Diffusion在进行图生图时会依据草稿上的线条及颜色进行计算以得到形状、色彩较为相似的图像效果。图3-2所示为线稿原图，图3-3所示为导入Stable Diffusion后，使用画笔简单涂色后生成的图像效果。

图3-2

图3-3

Stable Diffusion AIGC绘画与视频生成基础教程（微课版）

3.2.2 局部重绘

局部重绘，顾名思义，就是在Stable Diffusion中将画面的局部重新绘制，常用于修改画面中的一些细小错误以及不合适的地方。图3-4所示的图像为原图，将其导入"局部重绘"下方的文本框内，并使用画笔工具绘制出半透明的白色区域，即可根据新输入的提示词对绘制的半透明白色区域进行重绘，改变角色身上的服装，得到图3-5所示的图像效果。

图3-4

图3-5

3.2.3 涂鸦重绘

"涂鸦重绘"是指使用画笔工具在原始图像上涂抹不同的颜色，Stable Diffusion在进行图生图时所生成的内容会受到这些颜色信息的影响。图3-6所示的图像为原图，将其导入"涂鸦"下方的文本框内，并使用画笔工具在图像上绘制出不同的颜色，使用Stable Diffusion即可基于这些颜色的形状重新绘制出新的内容，仔细观察这些花的颜色，可以发现与涂鸦的颜色有一定的关联性，如图3-7所示。

图3-6

图3-7

3.2.4 上传重绘蒙版

"上传重绘蒙版"选项卡允许用户根据一张黑白蒙版图来控制需要重绘哪些区域，图3-8所示的图像为原图，将其导入"上传重绘蒙版"下方的文本框内，再上传一张蒙版图，即可更换原图中角色的背景，如图3-9所示。

图3-8

图3-9

3.2.5 PNG图片信息

在"PNG图片信息"选项卡中，Stable Diffusion可以根据用户上传的图片来推算出该图片使用的提示词及模型，如图3-10所示。

图3-10

3.3 课堂实例：使用"图生图"更改画面风格

本实例通过将一张写实风格图像转为二维动画风格图像来详细讲解图生图的使用方法。图3-11所示为本实例使用文生图绘制出的图像。图3-12所示为重新绘制完成后的图像效果。

图3-11　　　　　　　　　　　　　图3-12

（1）启动Stable Diffusion WebUI界面，在"模型"选项卡中单击"flat2DAnimerge_v45Sharp"，如图3-13所示，将其设置为"Stable Diffusion模型"。

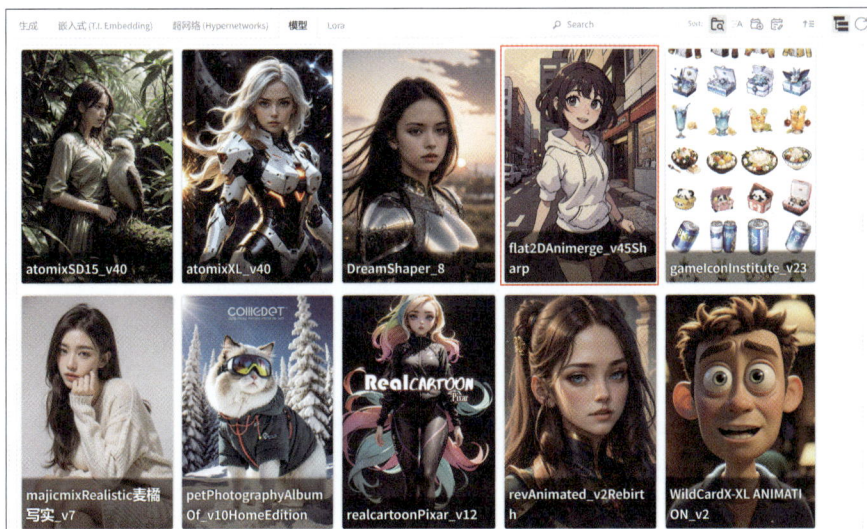

图3-13

（2）在"生成"选项卡中的"图生图"选项卡中上传一张"建筑.png"图像文件，这是一张写实风格的AI建筑场景图像，如图3-14所示。

图3-14

（3）在"图生图"选项卡中输入中文提示词："中国风格建筑，塔，树，街道，云"后，按回车键生成对应的英文："Chinese style architecture，tower，tree，street，cloud，"，如图3-15所示。

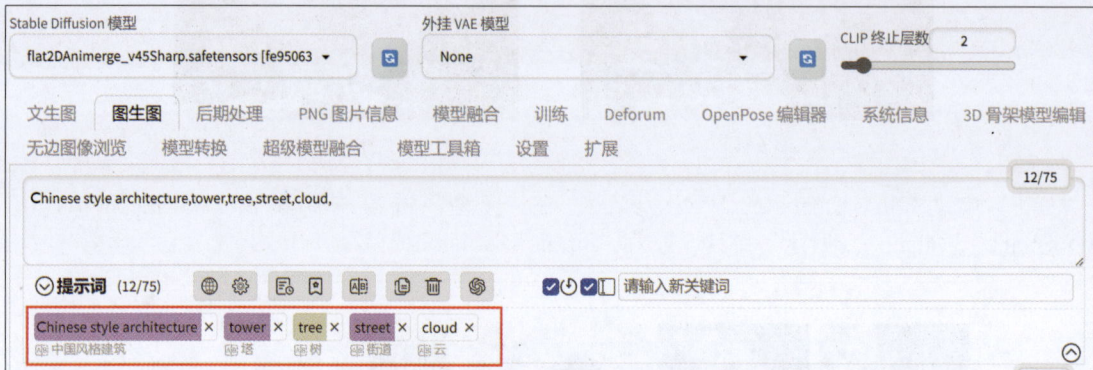

图3-15

（4）在"反向词"文本框内输入："低质量，低分辨率，正常质量，最差质量"，按回车键将其翻译为英文："low quality，lowres，normal quality，worst quality，"，并调高这些反向词的权重均为2，如图3-16所示。

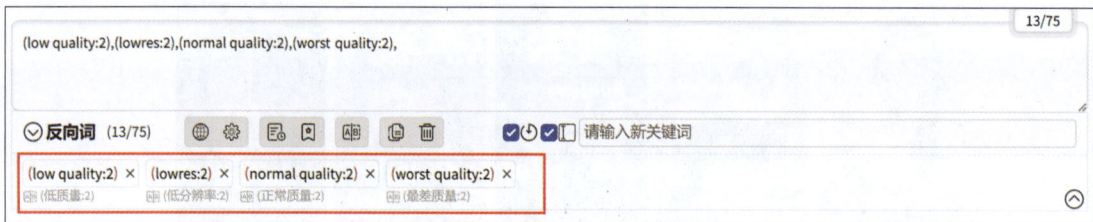

图3-16

（5）在"生成"选项卡中设置"迭代步数（Steps）"为30，"尺度"为1，"总批次数"为2，如图3-17所示。

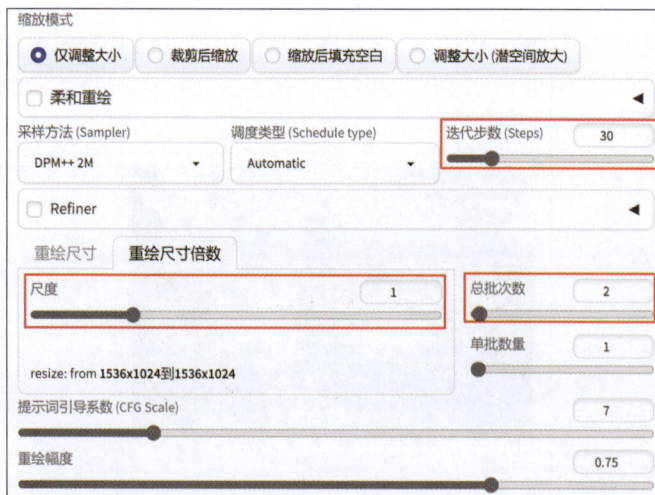

图3-17

（6）设置完成后，绘制出来的图像效果如图3-18所示，可以看到这些图像的效果基本符合之前输入的提示词，且画面风格偏向二维动画效果，但是画面内容与原图差距较大。

图3-18

（7）设置"重绘幅度"为0.6，如图3-19所示。

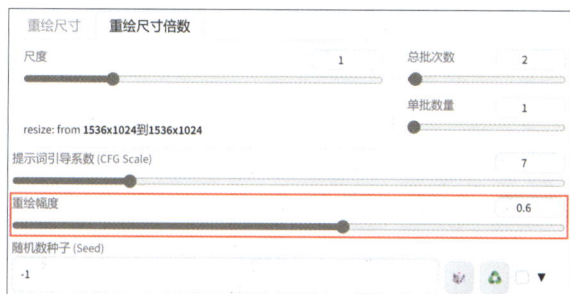

图3-19

（8）再次重绘图像，绘制出来的图像效果如图3-20所示，可以看出绘制出来的图像与原图较为接近，且画面风格有了明显不同。

图3-20

3.4 课堂实例：使用"涂鸦"绘制儿童画

本实例通过将一张儿童涂鸦线稿图重绘为二维动画风格的图像来详细讲解"涂鸦"的使用方法。图3-21所示为本实例使用的线稿图。图3-22所示为重新绘制完成后的图像效果。

微课视频

图3-21

图3-22

（1）启动Stable Diffusion WebUI界面，在"模型"选项卡中单击"flat2DAnimerge_v45Sharp"，如图3-23所示，将其设置为"Stable Diffusion模型"。

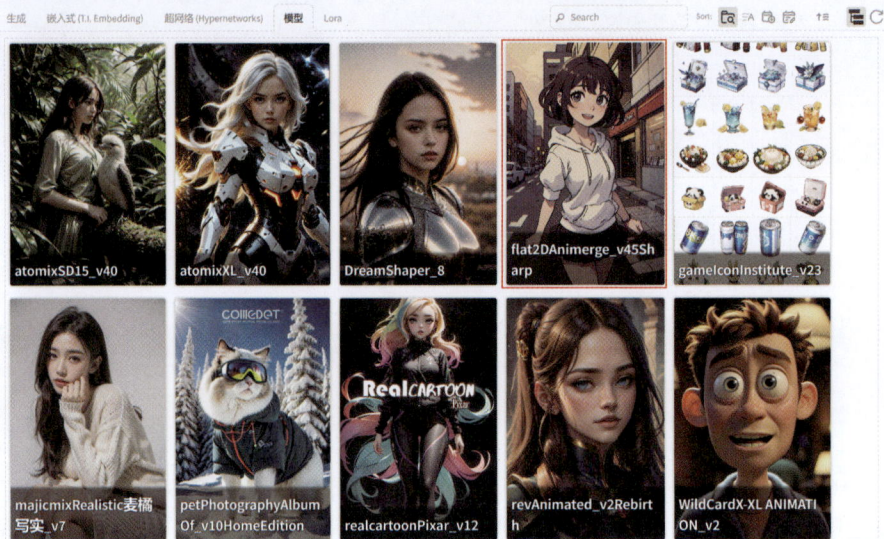

图3-23

（2）在"生成"选项卡的"涂鸦"选项卡中上传一张"儿童画.png"图像文件，这是一张儿童涂鸦线稿，如图3-24所示。

（3）使用画笔工具为线稿进行简单涂色，如图3-25所示。

图3-24

图3-25

技巧与提示　画面空白的地方都可以进行简单涂色。

（4）在"图生图"选项卡中输入中文提示词："房屋，树，灌木，花，烟囱，太阳，山脉"后，按回车键生成对应的英文："house,tree,bush/shrub,flower,chimney,sun,mountain,"，如图3-26所示。

图3-26

（5）在"反向词"文本框内输入："低质量，低分辨率，正常质量，最差质量"，按回车键将其翻译为英文："low quality,lowres,normal quality,worst quality,"，并调高这些反向词的权重均为2，如图3-27所示。

图3-27

（6）在"生成"选项卡中设置"迭代步数（Steps）"为30，"尺度"为1.35，如图3-28所示。

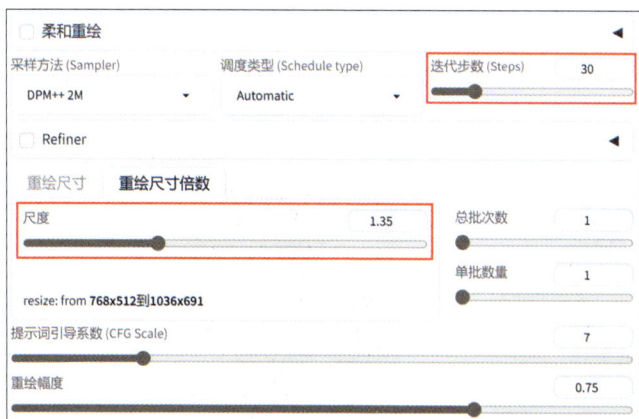

图3-28

（7）设置完成后，绘制出来的图像效果如图3-29所示，可以看到这些图像的效果基本符合之前输入的提示词，且画面风格偏向二维动画效果，但是画面内容与原图差距较大。

（8）设置"重绘幅度"为0.55，如图3-30所示。

图3-29

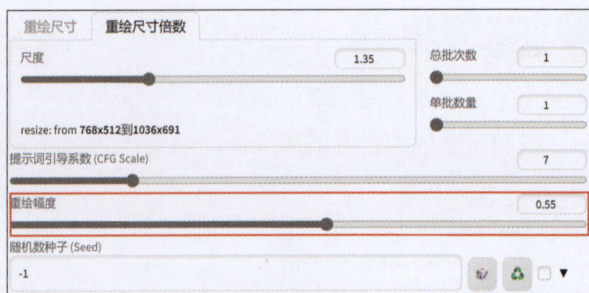

图3-30

（9）再次重绘图像，绘制出来的图像效果如图3-31所示，可以看出绘制出来的图像与原图较为接近。

图3-31

3.5 课堂实例：使用"局部重绘"更换角色服装

本实例通过对一张图中角色的衣服区域进行局部重绘以实现为角色换装来详细讲解"局部重绘"的使用方法。图3-32所示为本实例使用的AI角色图。图3-33所示为重新绘制完成后的图像效果。

图3-32

图3-33

微课视频

（1）启动Stable Diffusion WebUI界面，在"模型"选项卡中单击"atomixSD15_v40"，如图3-34所示，将其设置为"Stable Diffusion模型"。

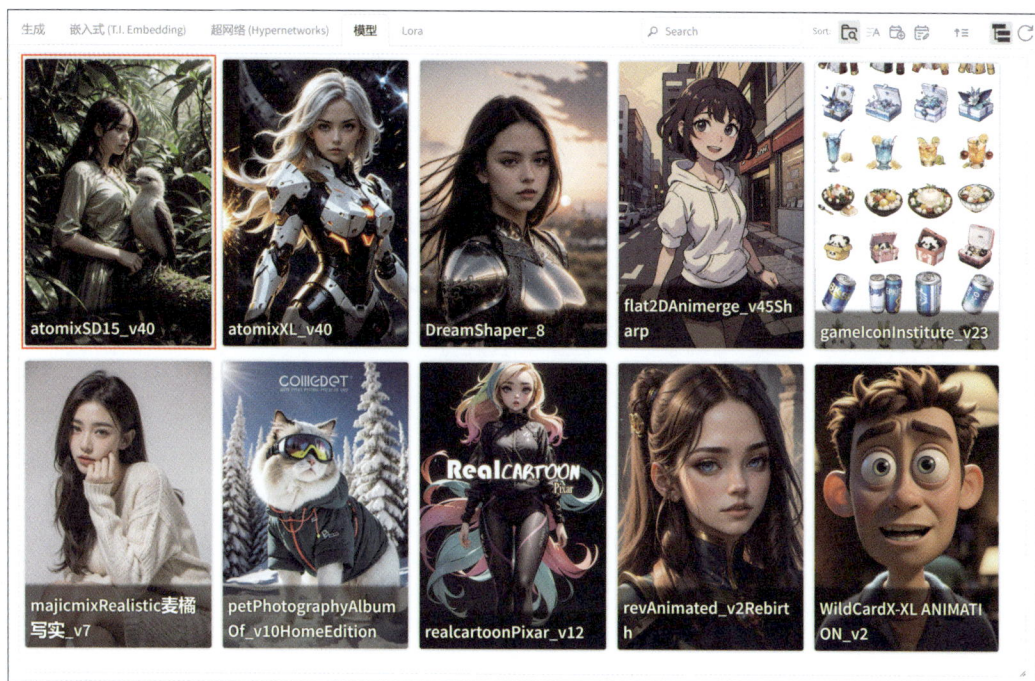

图3-34

（2）在"生成"选项卡的"局部重绘"选项卡中上传一张"白衣服女生.png"图像文件，这是一张写实风格的AI女性角色图像，如图3-35所示。

（3）使用画笔工具在角色衣服位置处涂抹来确定要重绘的区域，如图3-36所示。

图3-35

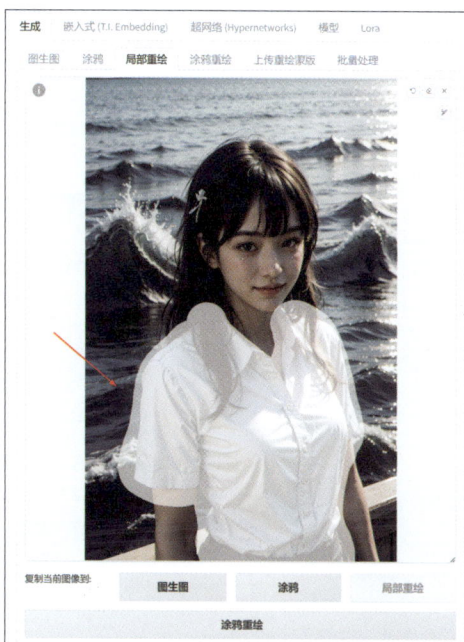

图3-36

（4）在"图生图"选项卡中输入中文提示词："1女孩，黑色头发，长发，微笑，海边，格子衬衫"后，按回车键生成对应的英文："1girl，black hair，long hair，smile，over the sea，plaid_shirt，"，如图3-37所示。

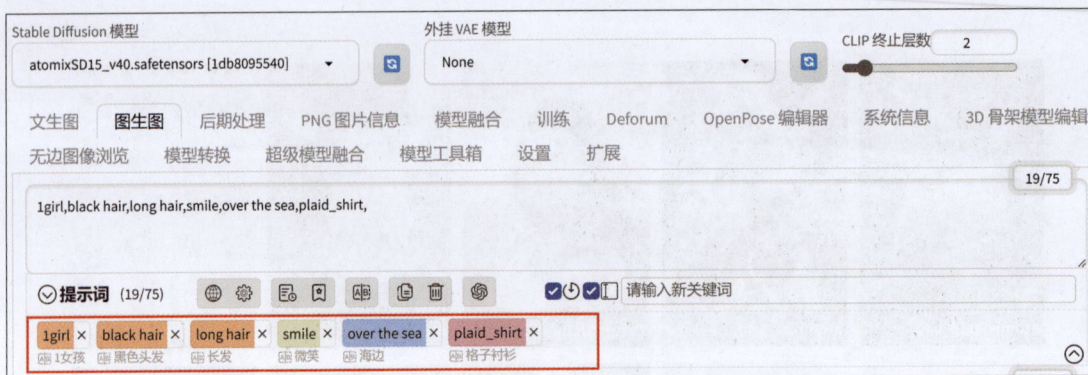

图3-37

（5）在"反向词"文本框内输入："低质量，低分辨率，正常质量，最差质量"，按回车键将其翻译为英文："low quality，lowres，normal quality，worst quality，"，并调高这些反向词的权重均为2，如图3-38所示。

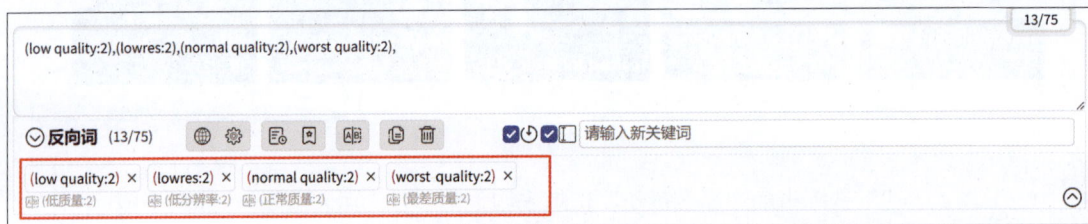

图3-38

（6）在"生成"选项卡中设置"迭代步数（Steps）"为30，"尺度"为1，"重绘幅度"为0.7，如图3-39所示。

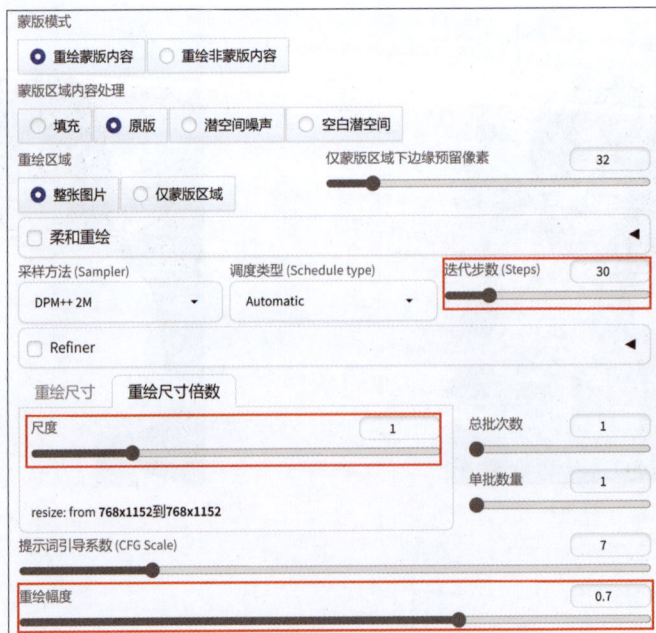

图3-39

Stable Diffusion AIGC绘画与视频生成基础教程（微课版）

（7）设置完成后，单击"生成"按钮，可以看到角色衣服位置处被重绘后的效果如图3-40所示。

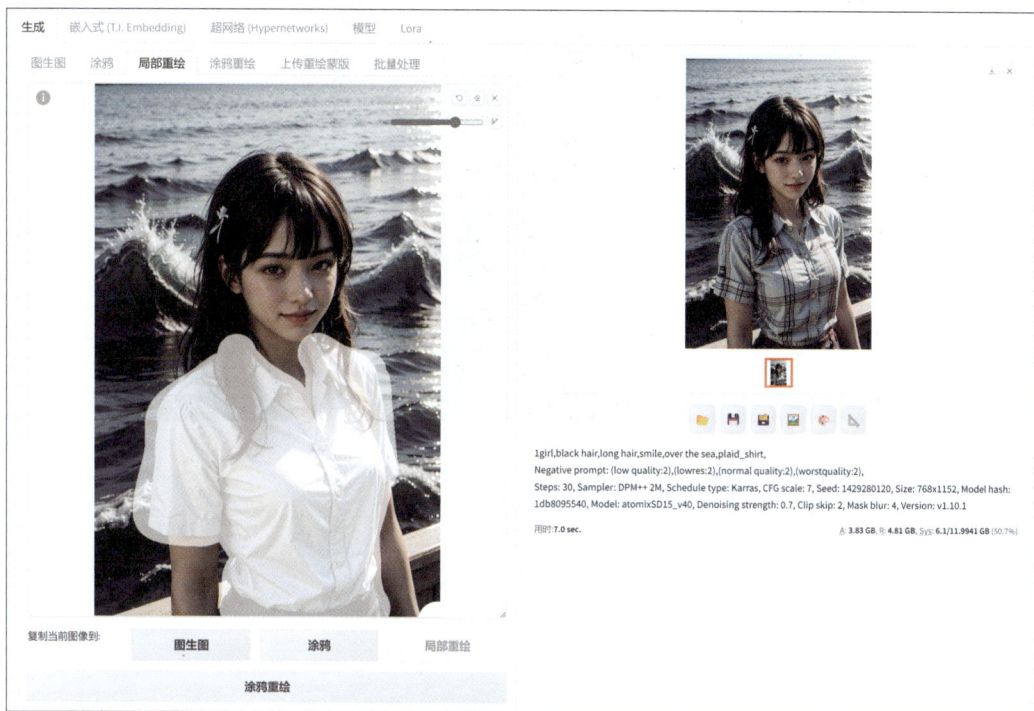

图3-40

3.6 课后习题：使用"涂鸦重绘"修改画面细节

本习题通过将一张儿童涂鸦线稿图重绘为二维动画风格的图像来详细讲解"涂鸦重绘"的使用方法。图3-41所示为本习题使用的场景原图，图3-42所示为重新绘制完成的图像效果。

微课视频

图3-41

图3-42

（1）启动Stable Diffusion WebUI界面，在"模型"选项卡中单击"realcartoonPixar_v12"，如图3-43所示，将其设置为"Stable Diffusion模型"。

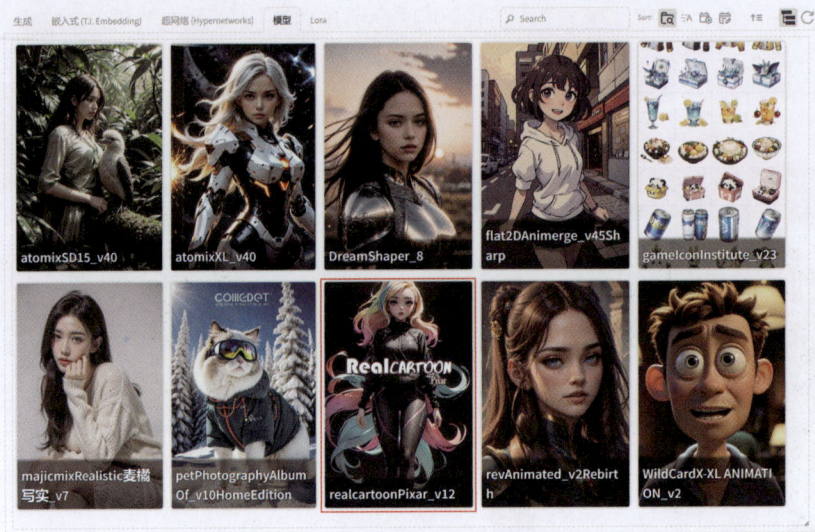

图3-43

（2）在"生成"选项卡的"涂鸦重绘"选项卡中上传一张"公园.png"图像文件，这是一张三维动画风格的公园一角图像，如图3-44所示。

（3）使用画笔工具在图3-45所示位置处涂抹出不同的颜色。

图3-44

图3-45

（4）在"图生图"选项卡中输入中文提示词："长椅，花园，阳光，云"后，按回车键生成对应的英文："bench, garden, sunshine, cloud,"，如图3-46所示。

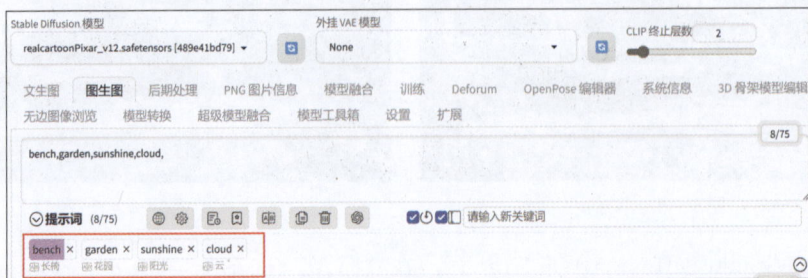

图3-46

Stable Diffusion AIGC绘画与视频生成基础教程（微课版）

（5）在"反向词"文本框内输入："低质量，低分辨率，正常质量，最差质量"，按回车键将其翻译为英文："low quality,lowres,normal quality,worst quality,"，并调高这些反向词的权重均为2，如图3-47所示。

图3-47

（6）在"生成"选项卡中设置"迭代步数（Steps）"为30，"尺度"为1，如图3-48所示。

图3-48

（7）设置完成后，单击"生成"按钮，可以看到涂抹位置处被重绘后的效果如图3-49所示，且生成的内容与涂抹颜色较为接近。

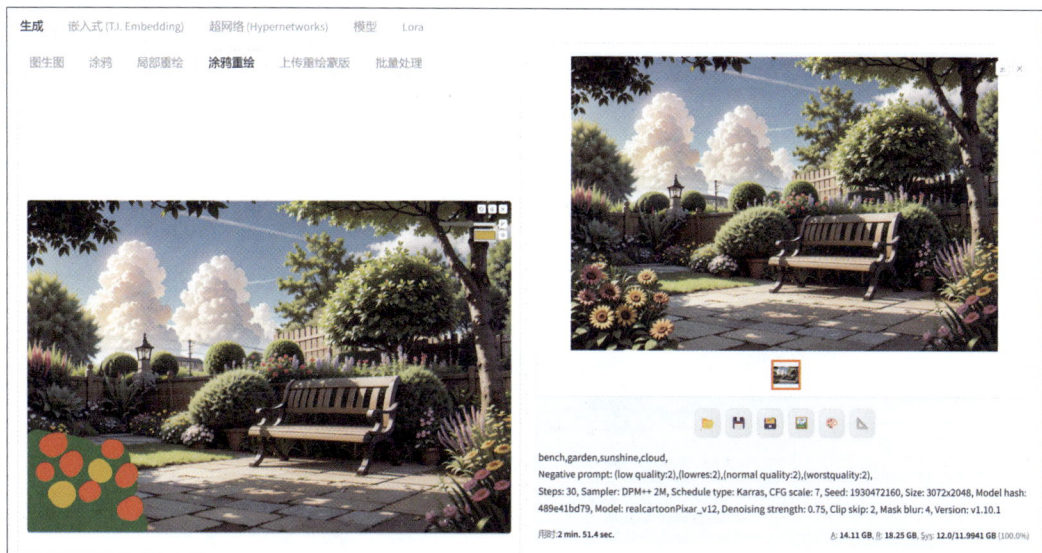

图3-49

第 **4** 章 Lora模型

本章导读

本章讲解如何在Stable Diffusion中使用Lora来微调模型。

学习要点

❖ Lora概述

❖ Lora模型分类

❖ 使用Lora模型更改画面的风格

❖ 如何训练自己的Lora模型

4.1 Lora概述

Lora模型文件较小，主要应用于在大模型生成图像的基础上微调图像效果。Lora模型不但可以改变画面的风格，还可以改变角色的面容及服装。Lora模型的数量成千上万，在使用这些Lora模型前，最好先查看不同Lora模型作者给出的建议，遵循这些建议可以更好地控制最终生成的图像效果。

与Stable Diffusion模型一样，Lora模型也分为SD、SDXL、Pony、Flux等多种类型，一般来说，Lora模型需要与对应类型的Stable Diffusion模型搭配使用。读者在使用每个Lora模型之前需要仔细阅读该模型作者给出的使用建议，如触发词、使用权重及推荐的Stable Diffusion模型。图4-1所示为Civitai网站上作者"墨心 MoXin"给出的其Lora模型的触发词。

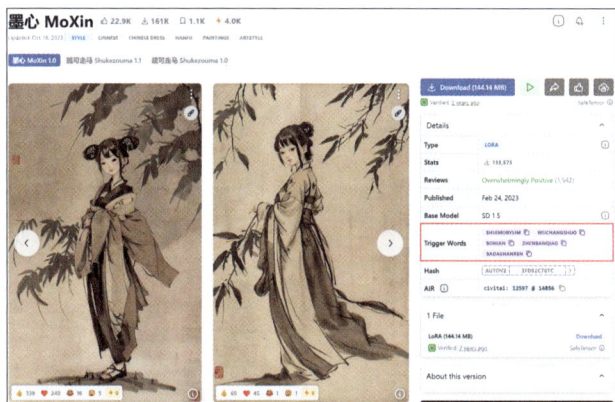

图4-1

4.2 Lora模型

在学习本章实例之前，可以先了解一些较为优秀的Lora模型。

4.2.1 paper-cut-剪纸风格

"paper-cut-剪纸风格"Lora模型是由网名为abeed的作者上传，用于生成一些剪纸风格的个性化图像，作者给出的触发词为jianzhi，无触发词也能够得到很好的剪纸风格图像效果，如图4-2所示。

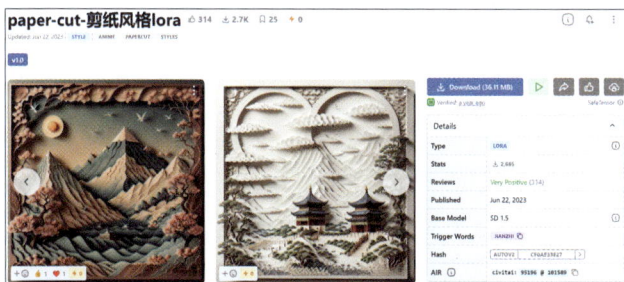

图4-2

4.2.2　小人书·连环画 xiaorenshu

"小人书·连环画 xiaorenshu"Lora模型是由网名为AlchemistW的作者上传，用于更改画面的整体效果，使之偏向于水墨绘画风格，如图4-3所示。

图4-3

4.2.3　马克笔表现

"马克笔表现"Lora模型是由网名为雨声丹药的作者上传，用于更改画面的风格，使之偏向于手绘效果，如图4-4所示。

图4-4

4.2.4　儿童简笔画风

"儿童简笔画风"Lora模型是由网名为Hongke的作者上传，用于绘制儿童简笔画风格的图像效果，如图4-5所示。该模型作者推荐的正面提示词为"sketched style,Some happy children stand ready to take pictures,"。

图4-5

4.2.5 玩出毛线

"玩出毛线"Lora模型是由网名为喵咔的作者上传，用于更改画面的效果使之偏向于毛线编织效果，如图4-6所示。该模型作者推荐的正面提示词为"mkym，mkym this is made of wool"。

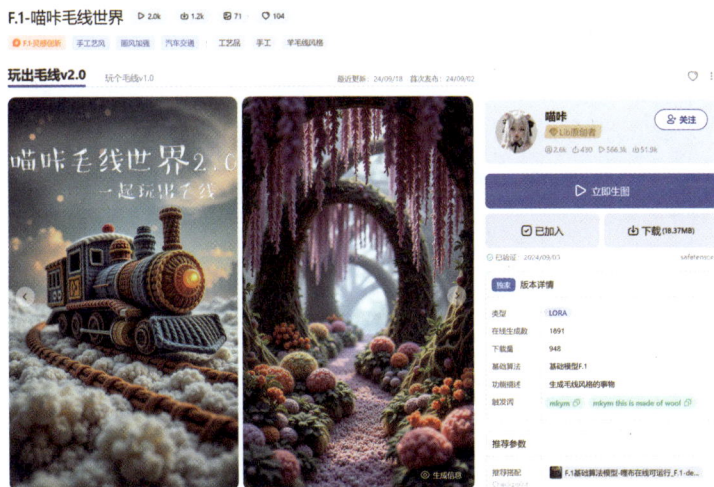

图4-6

技巧与提示 "儿童简笔画风"Lora模型和"玩出毛线"Lora模型是Flux版本的Lora模型，需要搭配Flux版本的Stable Diffusion模型，并在Stable Diffusion WebUI Forge中运行使用。

4.3 训练Lora模型

Lora模型是非常有效的可以对Stable Diffusion画面进行微调的一种手段，在上一节学习完

Lora模型的使用方法后，相信也会有相当一部分人对如何训练Lora模型产生兴趣。Lora模型可以用较少的图片在较短的时间内进行训练，快速将一个角色的面容、一件物品或者一种风格植入我们的AI绘画作品中。训练Lora模型的软件可以使用bilibili知名UP主秋葉aaaki发布的模型训练器，软件界面如图4-7所示。

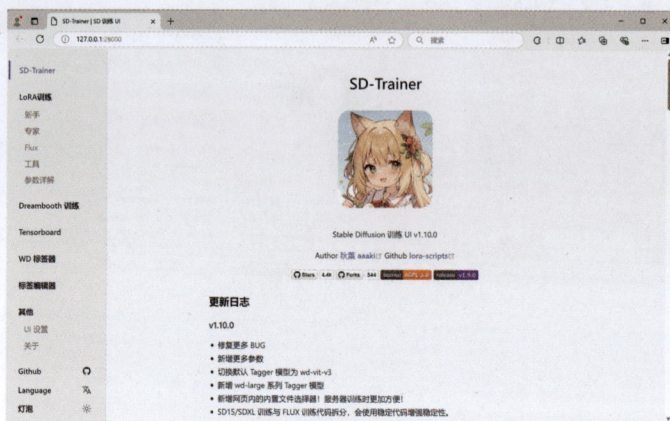

图4-7

训练模型使用的图片不宜过大，初学者可以尝试先使用512像素×512像素的低分辨率图片来进行训练以测试机器的性能，图像的内容应保持一致，比如要训练一只狗的Lora模型，那么最好使用的图片是同一只狗各个角度的照片，这些图片的清晰度及拍摄光线也最好保持一致，尽量不要采用带有模糊效果的照片。如果要得到更加精确的效果，则还应考虑对照片的背景进行处理。

该模型训练器内置参数详解如图4-8所示，故不再此赘述。

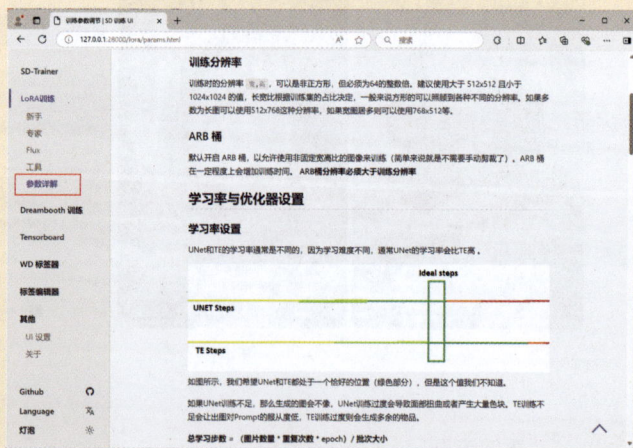

图4-8

技巧与提示

4.4 课堂实例：绘制剪纸风格的山水画

Lora模型可以改变画面的整体表现风格。本实例使用Lora模型来绘制一幅剪纸风格的图像效果，如图4-9所示。

图4-9

（1）启动Stable Diffusion WebUI界面，在"模型"选项卡中单击"revAnimated_v2Rebirth"，如图4-10所示，将其设置为"Stable Diffusion模型"。

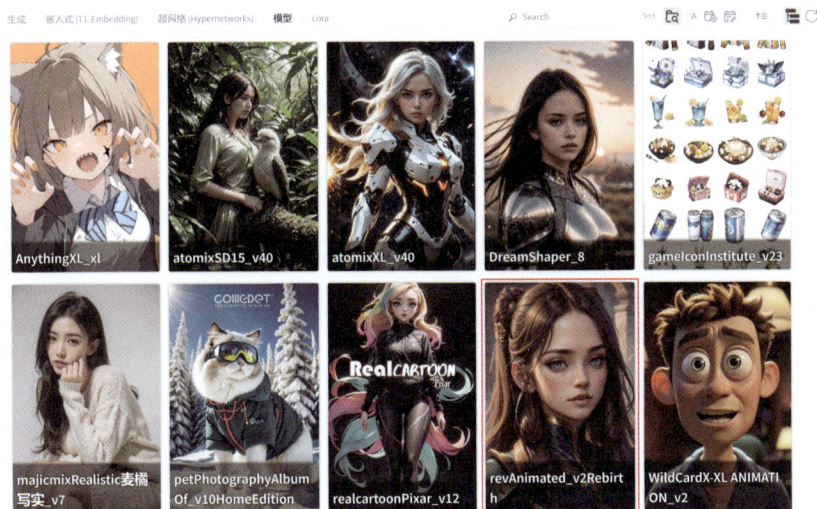

图4-10

（2）在"文生图"选项卡中输入中文提示词："中国风格凉亭，森林，树，花，山脉，云"后，按回车键生成对应的英文："Chinese style pavilion,forest,tree,flower,mountain,cloud,"，如图4-11所示。

图4-11

（3）在"反向词"文本框内输入："低质量，低分辨率，正常质量，最差质量"，按回车键将其翻译为英文："low quality,lowres,normal quality,worst quality,"，并调高这些反向词的权重均为2，如图4-12所示。

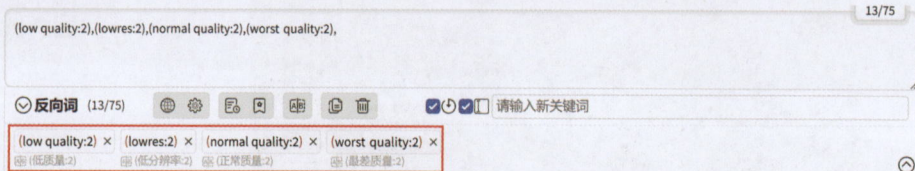

图4-12

（4）在"生成"选项卡中设置"迭代步数（Steps）"为30，设置"宽度"为768，"高度"为512，"总批次数"为2，如图4-13所示。

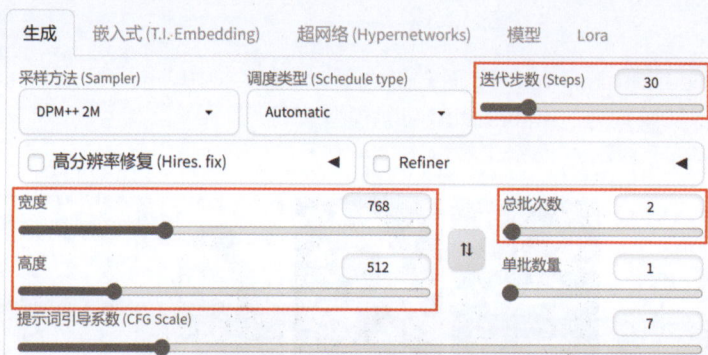

图4-13

（5）勾选"高分辨率修复（Hires.fix）"，设置"高分迭代步数"为20，"重绘幅度"为0.5，如图4-14所示。

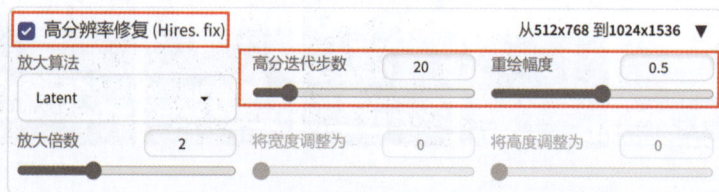

图4-14

（6）设置完成后，单击"生成"按钮，绘制出来的图像效果如图4-15所示，可以看出绘制出来的图像内容基本符合之前输入的提示词。

图4-15

（7）在Lora选项卡中单击"paper-cut-剪纸风格"，如图4-16所示。

图4-16

（8）设置完成后，可以看到该Lora模型出现在"正向提示词"文本框中，将该Lora模型的权重设置为0.6，如图4-17所示。

图4-17

（9）重绘图像，绘制出来的图像效果如图4-18所示。可以看出画面的风格偏向于剪纸效果，画面的颜色整体较为偏暗。

图4-18

（10）补充中文提示词："白颜色"后，按回车键生成对应的英文："white color,"，并提高该提示词的权重为1.5，如图4-19所示。

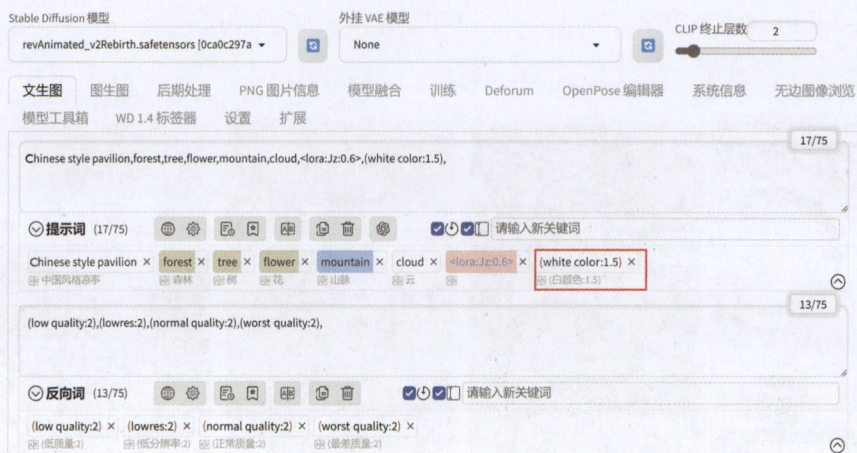

图4-19

（11）再次重绘图像，本实例绘制出来的图像效果如图4-20所示。

图4-20

4.5 课堂实例：绘制水墨画风格的骑马女孩

本实例使用Lora模型来绘制一幅水墨画风格的角色图像，如图4-21所示。

图4-21

微课视频

（1）启动Stable Diffusion WebUI界面，在"模型"选项卡中单击"DreamShaper_8"，如图4-22所示，将其设置为"Stable Diffusion模型"。

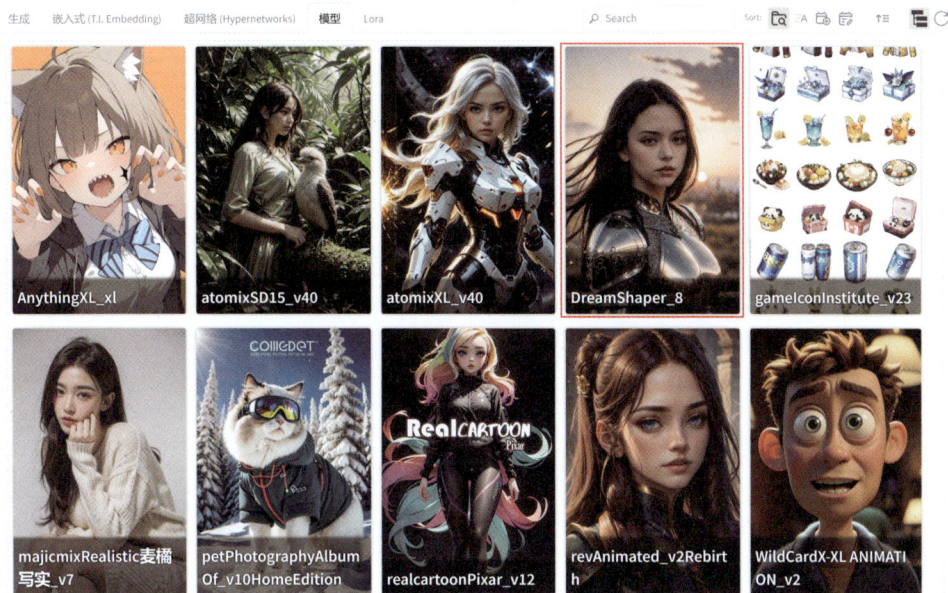

图4-22

（2）在"文生图"选项卡中输入中文提示词："1女孩，骑马，马，树，花，山脉"后，按回车键生成对应的英文："1girl,riding,horse,tree,flower,mountain,"，如图4-23所示。

图4-23

（3）在"反向词"文本框内输入："低质量，低分辨率，正常质量，最差质量"，按回车键将其翻译为英文："low quality,lowres,normal quality,worst quality,"，并调高这些反向词的权重均为2，如图4-24所示。

图4-24

（4）在"生成"选项卡中设置"迭代步数（Steps）"为30，设置"宽度"为768，"高度"为512，"总批次数"为2，如图4-25所示。

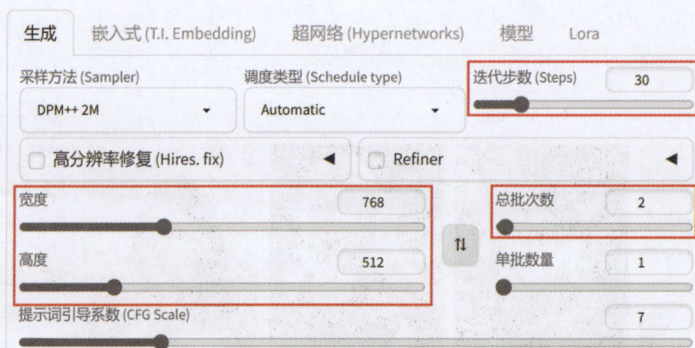

图4-25

（5）勾选"高分辨率修复（Hires.fix）"，设置"高分迭代步数"为20，"重绘幅度"为0.5，如图4-26所示。

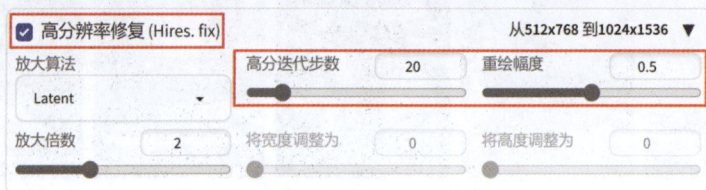

图4-26

（6）设置完成后，单击"生成"按钮，绘制出来的图像效果如图4-27所示，可以看出绘制出来的图像内容基本符合之前输入的提示词，且画面的风格偏向写实一些。

图4-27

（7）仔细观察图像可以看到，由于画面中角色的脸部有些许不自然的五官效果，为了避免继续生成类似的效果，需要在ADetailer卷展栏中勾选ADetailer，如图4-28所示。

图4-28

Stable Diffusion AIGC绘画与视频生成基础教程（微课版）

当生成角色类图像时，如果绘制出了不准确的脸部效果，则勾选ADetailer可以对图像中角色的脸部位置进行重绘，得到较好的面容效果。

（8）设置完成后，单击"生成"按钮，绘制出来的图像效果如图4-29所示。

图4-29

（9）在Lora选项卡中单击"小人书·连环画 xiaorenshu-xrs2.0"，如图4-30所示。

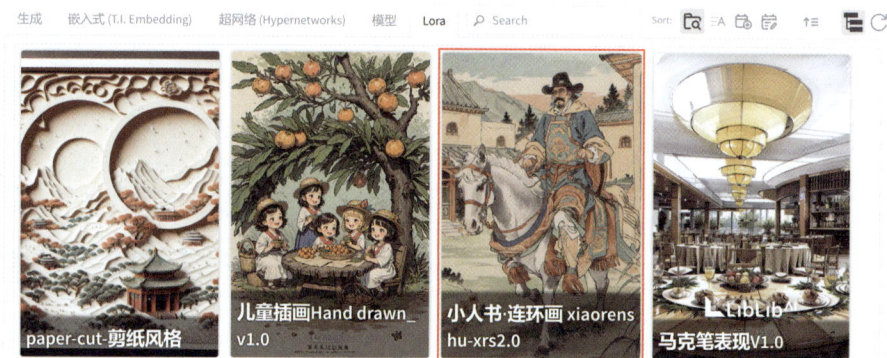

图4-30

（10）设置完成后，可以看到该Lora模型出现在"正向提示词"文本框中，将该Lora模型的权重设置为0.7，如图4-31所示。

图4-31

（11）重绘图像，绘制出来的图像效果如图4-32所示。

图4-32

4.6 课堂实例：绘制手绘马克笔风格的景观图

环境设计专业的同学常需要使用马克笔来进行室内、建筑及景观的快题设计，使用AI绘画软件来生成一些马克笔风格的图像可以为快题设计提供一些创作灵感。本实例使用Lora模型来绘制一幅手绘马克笔风格的景观图像，如图4-33所示。

图4-33

（1）启动Stable Diffusion WebUI界面，在"模型"选项卡中单击"DreamShaper_8"，如图4-34所示，将其设置为"Stable Diffusion模型"。

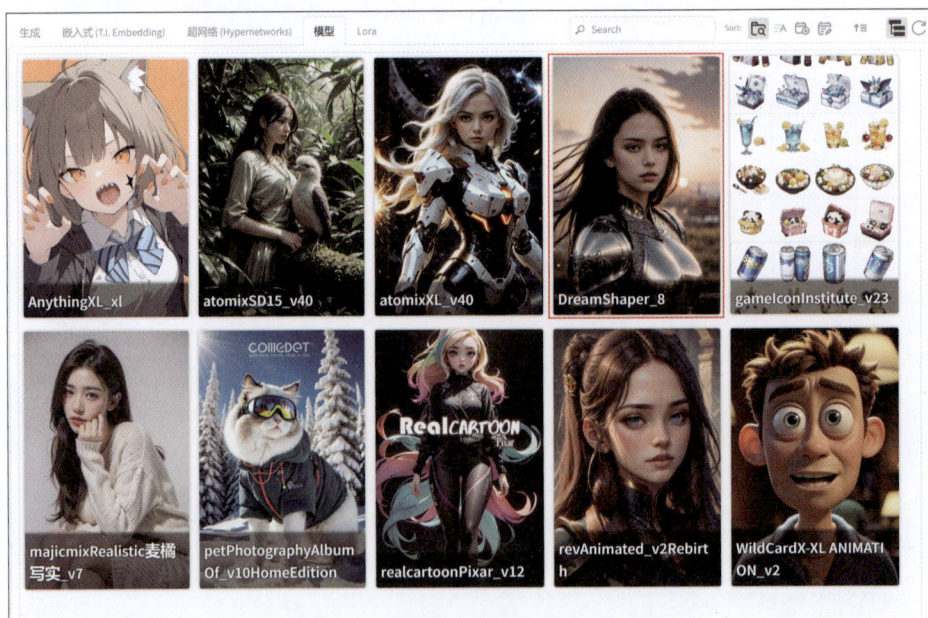

图4-34

（2）在"文生图"选项卡中输入中文提示词："花园，景观，花，圆形水池，喷泉，凳子，木制围栏"后，按回车键生成对应的英文："garden,landscape,flower,circular pool,fountain,stool,wooden fence,"，如图4-35所示。

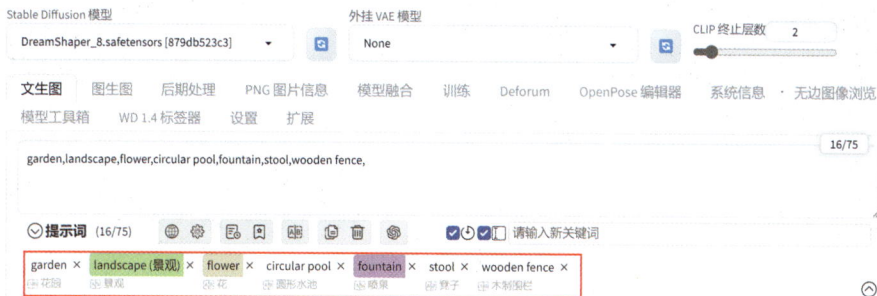

图4-35

（3）在"反向词"文本框内输入："低质量，低分辨率，正常质量，最差质量"，按回车键将其翻译为英文："low quality,lowres,normal quality,worst quality,"，并调高这些反向词的权重均为2，如图4-36所示。

图4-36

（4）在"生成"选项卡中设置"迭代步数（Steps）"为30，设置"宽度"为768，"高度"为512，"总批次数"为2，如图4-37所示。

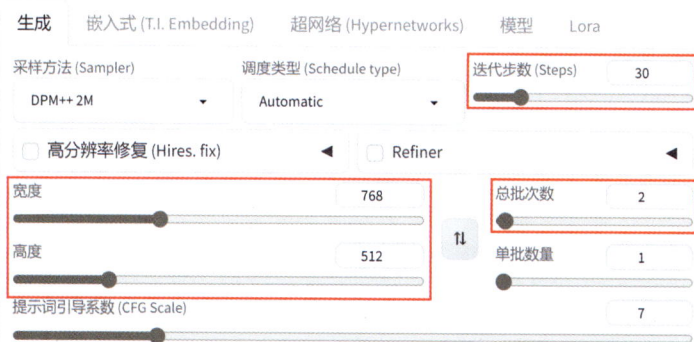

图4-37

（5）勾选"高分辨率修复（Hires.fix）"，设置"高分迭代步数"为20，"重绘幅度"为0.5，如图4-38所示。

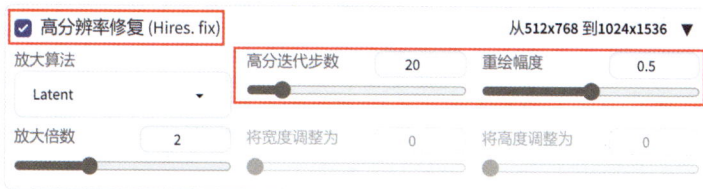

图4-38

（6）设置完成后，单击"生成"按钮，绘制出来的图像效果如图4-39所示。

图4-39

（7）在Lora选项卡中单击"马克笔表现V1.0"，如图4-40所示。

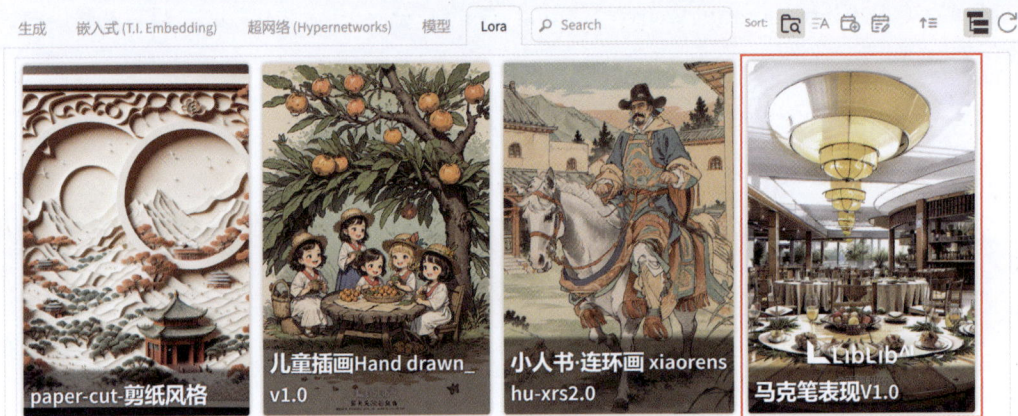

图4-40

（8）设置完成后，可以看到该Lora模型出现在"正向提示词"文本框中，将该Lora模型的权重设置为0.7，如图4-41所示。

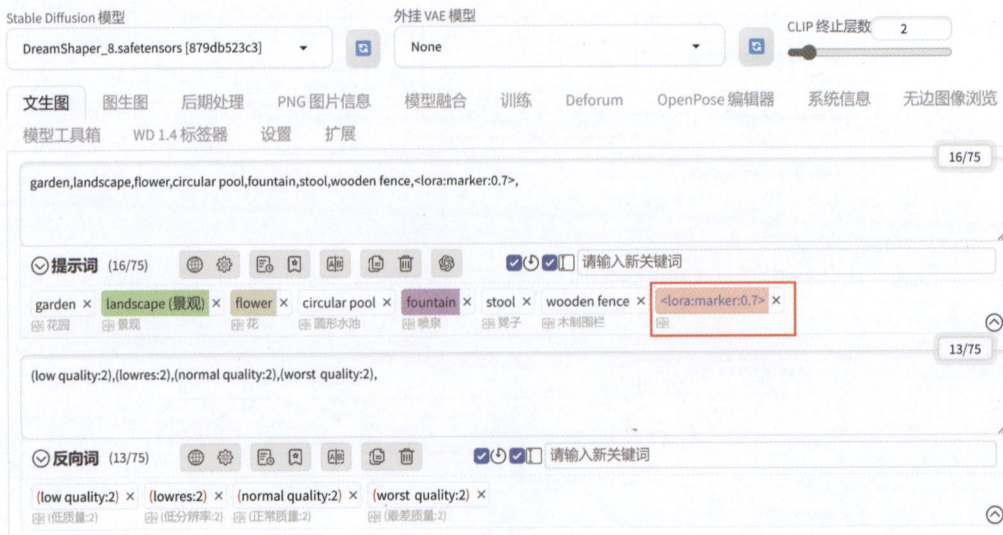

图4-41

（9）重绘图像，绘制出来的图像效果如图4-42所示。

图4-42

4.7 课堂实例：绘制简笔画风格的小火车

本实例讲解使用Flux版本的Lora模型来绘制一幅儿童简笔画风格的图像效果，如图4-43所示。Flux版本的Lora模型在使用方法上与之前所讲的Lora模型无明显区别，读者应注意的是本实例需要使用Stable Diffusion WebUI Forge软件来运行Flux模型。

图4-43

（1）启动Stable Diffusion WebUI Forge界面，设置UI为flux，"模型"为"F.1基础算法模型-dev-fp8"，VAE/Text Encoder同时加载clip_l、flux-ae、t5xxl_fp8_e4m3fn这3个模型。在"文生图"选项卡中输入中文提示词："托马斯火车，森林，树，花，天空，云"后，按回车键生成对应的英文："the Thomas train，forest，tree，flower，sky，cloud，"，如图4-44所示。

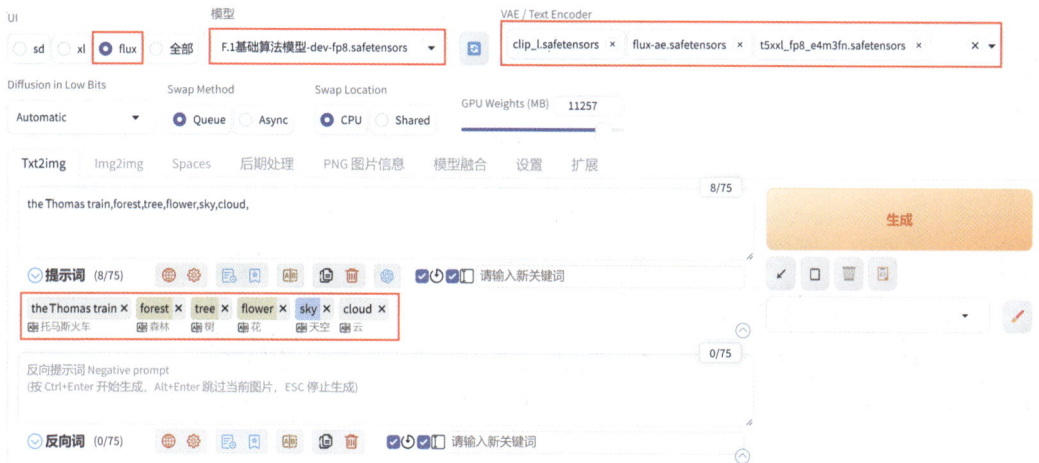

图4-44

Stable Diffusion WebUI Forge界面与Stable Diffusion WebUI 界面极为相似，可以运行Flux版本的大模型及Lora模型。但是在实际的工作中，Stable Diffusion WebUI 版本由于其出色的稳定性和兼容性，所以使用人数要更多一些。

（2）在"生成"选项卡中设置"迭代步数（Steps）"为16，"宽度"为1024，"高度"为768，"总批次数"为2，"单批数量"为2，如图4-45所示。

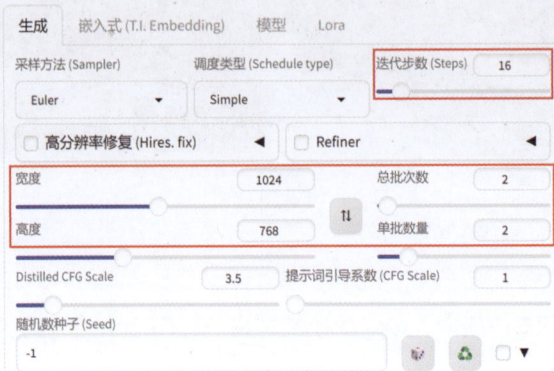

图4-45

（3）设置完成后，单击"生成"按钮，绘制出来的图像效果如图4-46所示，可以看出绘制出来的图像内容基本符合之前输入的提示词。

图4-46

（4）在Lora选项卡中单击"F.1儿童简笔画风_v1.0"，如图4-47所示。

图4-47

（5）设置完成后，可以看到该Lora模型出现在"正向提示词"文本框中，如图4-48所示。

图4-48

（6）在"提示词"文本框内补充英文提示词："sketched style,Some happy children stand ready to take pictures,"，其中文含义为："草绘样式，一些快乐的孩子准备拍照，"，并将"F.1儿童简笔画风_v1.0"Lora模型的权重增加至2，如图4-49所示。

图4-49

💡 技巧与提示　英文提示词："sketched style,Some happy children stand ready to take pictures,"是"F.1儿童简笔画风_v1.0"Lora模型作者给出的"触发词"，故直接使用英文更为准确。

（7）设置完成后，重绘图像，绘制出来的图像效果如图4-50所示，可以看到图像的风格看起来偏向手绘效果多一些。

图4-50

4.8 课堂实例：绘制毛线风格的豹子

本实例使用Flux版本的Lora模型来绘制一幅写实毛线风格的图像效果，如图4-51所示。读者应注意本实例需要使用Stable Diffusion WebUI Forge软件来运行Flux模型。

（1）启动Stable Diffusion WebUI Forge界面，设置UI为flux，"模型"为"F.1基础算法模型-dev-fp8"，VAE/Text Encoder同时加载clip_l、flux-ae、t5xxl_fp8_e4m3fn这3个模型。在"文生图"选项卡中输入中文提示词："一只豹子在喝水，花，草地，天空，云，景深，真实照片，脸部特写"后，按回车键生成对应的英文："a leopard drinking water, flower, in a meadow, sky, cloud, depth of field, real photos, face close-up, "，如图4-52所示。

图4-51

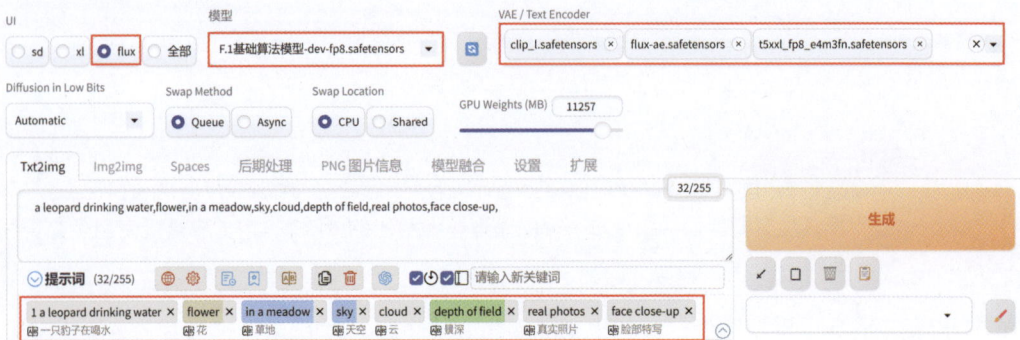

图4-52

Stable Diffusion AIGC绘画与视频生成基础教程（微课版）

（2）在"生成"选项卡中设置"宽度"为1024，"高度"为768，"总批次数"为2，如图4-53所示。

图4-53

（3）设置完成后，单击"生成"按钮，绘制出来的图像效果如图4-54所示，可以看出绘制出来的图像内容基本符合之前输入的提示词。

图4-54

（4）在Lora选项卡中单击"F.1-喵咔毛线世界_玩出毛线v2.0"，如图4-55所示。

图4-55

（5）设置完成后，可以看到该Lora模型出现在"正向提示词"文本框中，如图4-56所示。

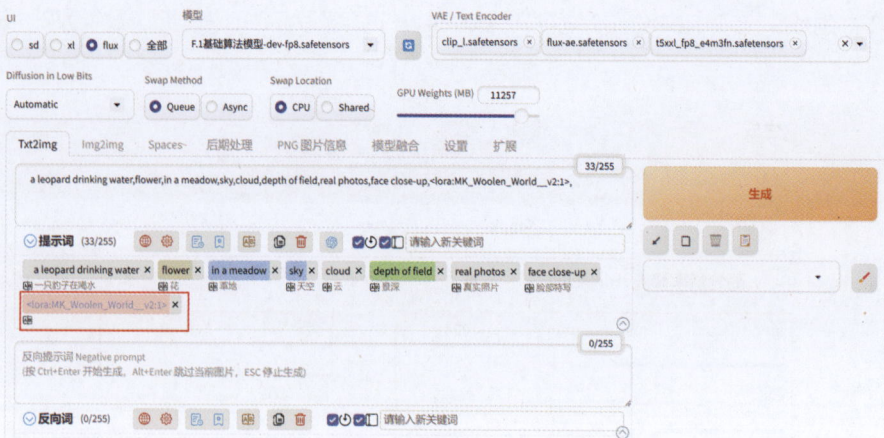

图4-56

（6）在"提示词"文本框内补充英文提示词："this is made of wool"，其中文含义为："这是羊毛做的"，如图4-57所示。

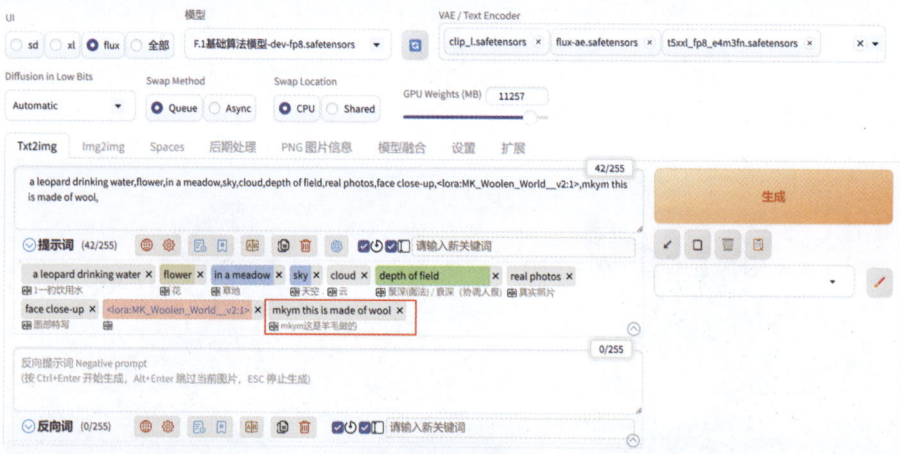

图4-57

（7）设置完成后，重绘图像，绘制出来的图像效果如图4-58所示，可以看到图像的风格发生了较为明显的变化，图像里的豹子看起来像是毛线织出来的效果。

图4-58

4.9 课堂实例：训练花Lora模型

使用AI绘画软件绘制一些花卉时，如果使用的模型本身没有对应品种花卉的数据，那么很难绘制出准确的图像效果。如果将某一品种的花卉图像传递给训练器来训练Lora模型，则可使用该Lora模型生成较为准确的图像效果。本实例训练花Lora模型，图4-59所示为使用本实例训练得到的Lora模型生成的AI图像效果。

微课视频

图4-59

（1）将DreamShaper_8.safetensors文件拷贝至Lora模型训练器根目录下的sd-models文件夹里，将其作为本次训练的底模，如图4-60所示。

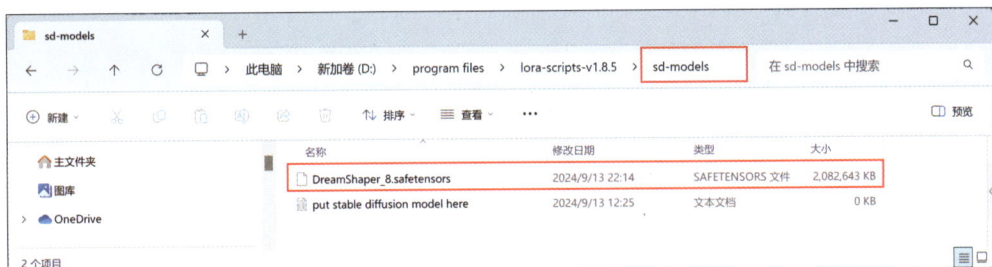

图4-60

（2）将本书资源文件夹hua复制至Lora模型训练器根目录下的train文件夹里，如图4-61所示。

图4-61

（3）打开hua文件夹，可以看到这里有20张花的照片，这些照片的尺寸已经预先使用图像处理软件处理成512像素×512像素大小的方图，如图4-62所示。

图4-62

由于训练Lora模型需要用到大量的相关图片，所以读者应注意所收集图片版权的相关问题。

（4）启动"SD-Trainer|SD训练UI"界面，在"新手"选项卡中设置"底模文件路径"为DreamShaper_8.safetensors所在的文件夹，"训练数据集路径"为花的照片所在的文件夹，"模型保存名称"为hua_v1。最后单击"开始训练"按钮，如图4-63所示。

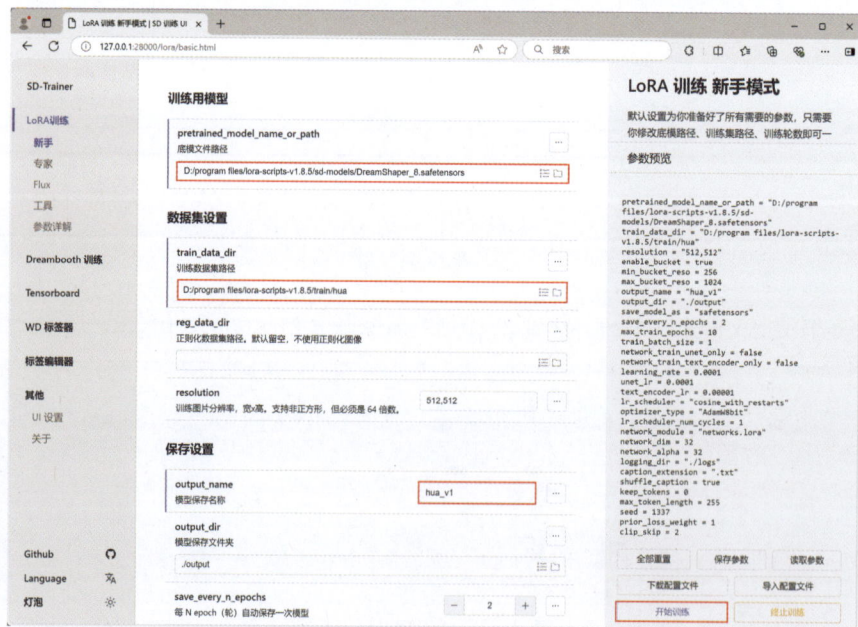

图4-63

（5）Lora模型的训练时间受图片尺寸、数量、计算机配置等因素的影响，需要一定的时间才能计算完成，观察控制台，当出现"训练完成"字样时，代表Lora模型训练完成，如图4-64所示。

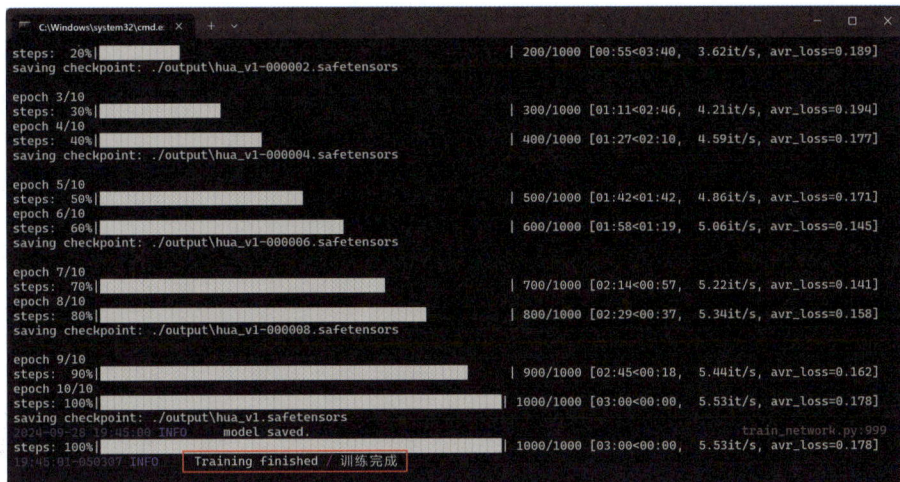

图4-64

Lora模型训练完成后，观察Lora模型训练器根目录下的train/hua文件夹，发现该文件夹内自动多了一个名称为5_zkz的文件夹，如图4-65所示。

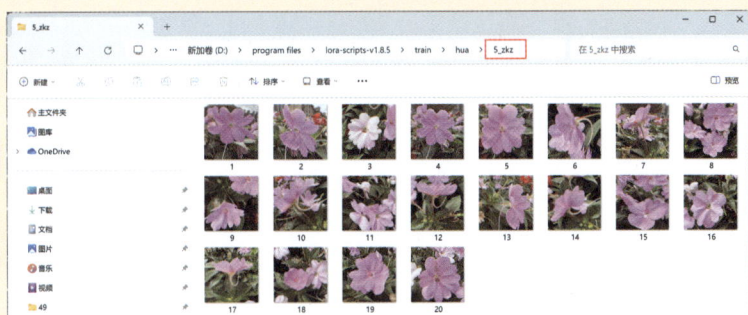

图4-65

（6）在Lora模型训练器根目录下的output文件夹里，可以找到刚刚训练得到的名称为hua_v1的Lora模型，如图4-66所示。

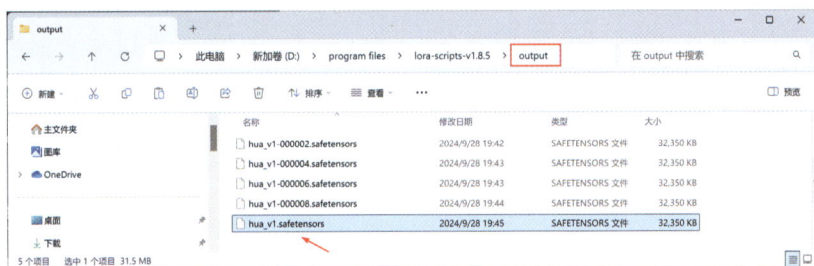

图4-66

将生成的Lora模型文件复制至Stable Diffusion软件根目录下的models/Lora文件夹内，就可以使用了。

（7）启动Stable Diffusion WebUI界面，在"模型"选项卡中单击"DreamShaper_8"，如图4-67所示，将其设置为"Stable Diffusion模型"。

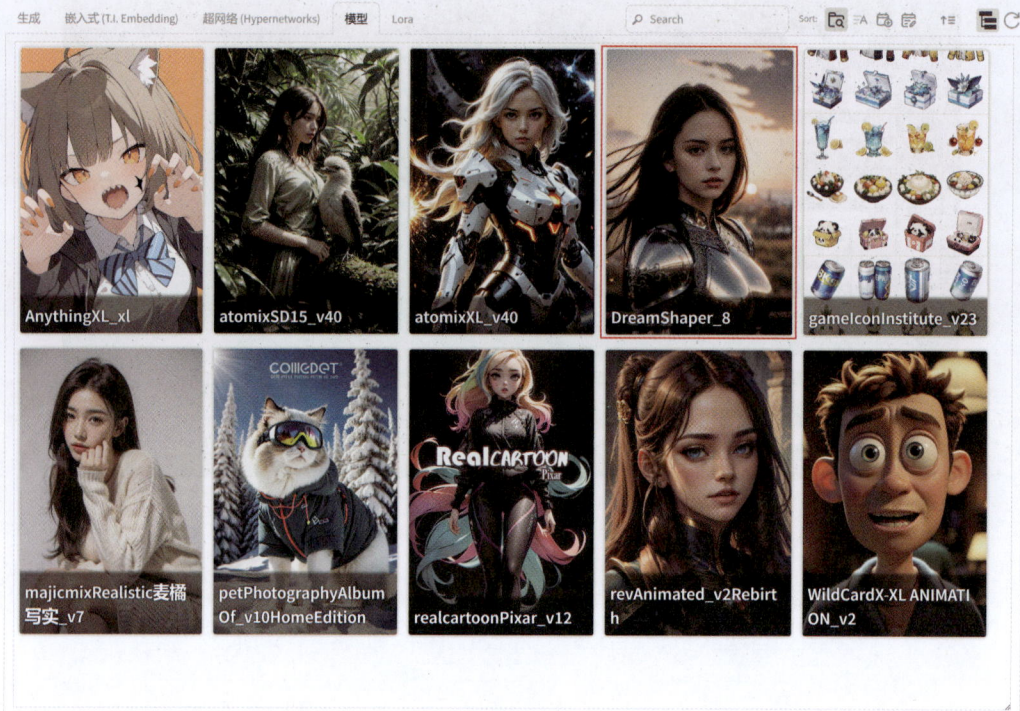

图4-67

（8）在"文生图"选项卡中输入中文提示词："花园，花，植物，"后，按回车键生成对应的英文："garden，flower，plant，"，如图4-68所示。

图4-68

（9）在"反向词"文本框内输入："低质量，低分辨率，正常质量，最差质量"，按回车键将其翻译为英文："low quality，lowres，normal quality，worst quality，"，并调高这些反向词的权重均为2，如图4-69所示。

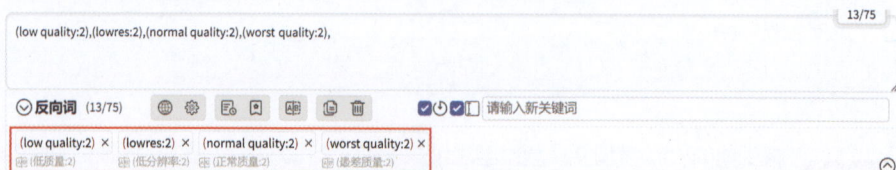

图4-69

（10）在"生成"选项卡中设置"迭代步数（Steps）"为30，设置"宽度"为768，"高度"为512，如图4-70所示。

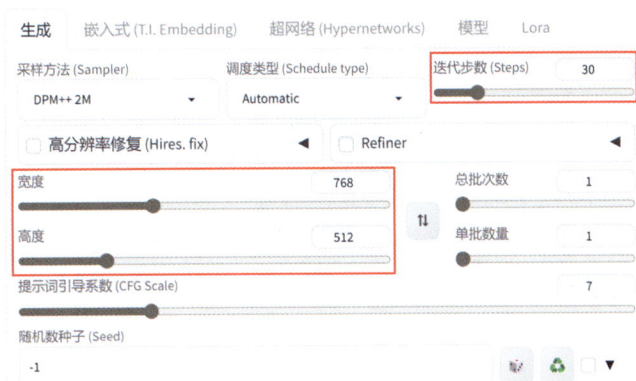

图4-70

（11）勾选"高分辨率修复（Hires.fix）"，设置"高分迭代步数"为20，如图4-71所示。

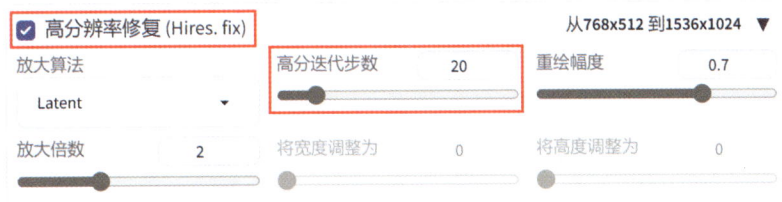

图4-71

（12）设置完成后，单击"生成"按钮，绘制出来的图像效果如图4-72所示，可以看出绘制出来的图像内容基本符合之前输入的提示词。

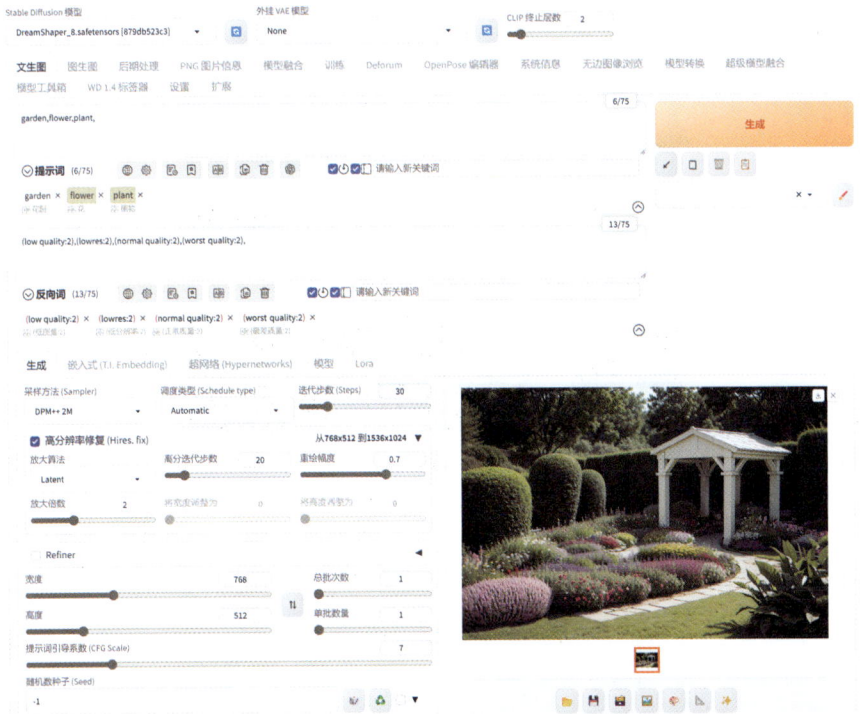

图4-72

（13）在Lora选项卡中单击"hua_v1"，如图4-73所示。

图4-73

（14）设置完成后，可以看到该Lora模型出现在"正向提示词"文本框中，如图4-74所示。

图4-74

（15）设置完成后，单击"生成"按钮，绘制出来的图像效果如图4-75所示。

图4-75

（16）将绘制出来的图像保存至Stable Diffusion软件根目录下的models>Lora文件夹内，并重命名为hua_v1，如图4-76所示。

图4-76

（17）设置完成后，即可看到训练好的模型也有了对应的预览图像，如图4-77所示。

图4-77

💡 技巧与提示　可以为训练完成的Lora模型重命名一个中文名称，这样可以方便将来选择使用。

4.10　课后习题：训练猫Lora模型

微课视频

本习题训练一只猫的Lora模型，图4-78所示为训练得到的Lora模型生成的AI图像效果。

图4-78

（1）将realcartoonPixar_v12.safetensors文件拷贝至Lora模型训练器根目录下的sd-models文件夹里，将其作为本次训练的底模，如图4-79所示。

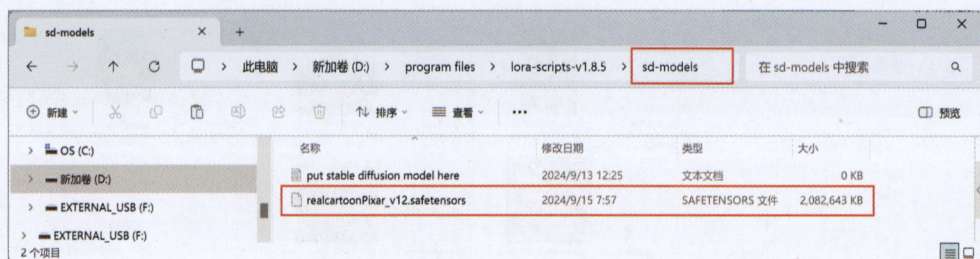

图4-79

（2）将本书资源文件夹mao复制至Lora模型训练器根目录下的train文件夹里，如图4-80所示。

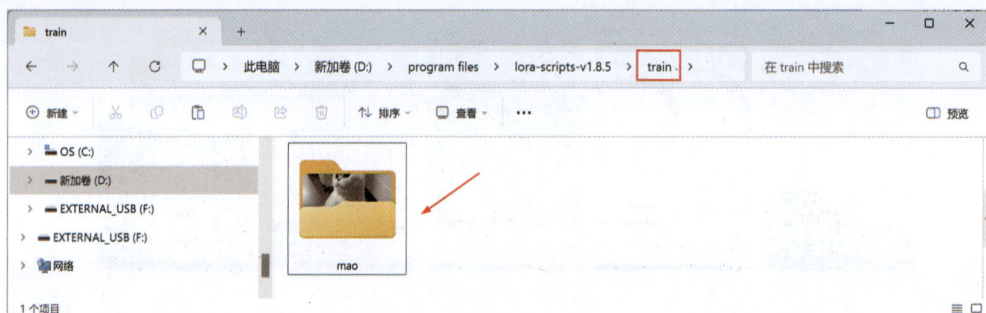

图4-80

（3）打开mao文件夹，可以看到这里有20张白猫的照片，这些照片的尺寸已经预先使用图像处理软件处理成512像素×512像素大小的图片，如图4-81所示。

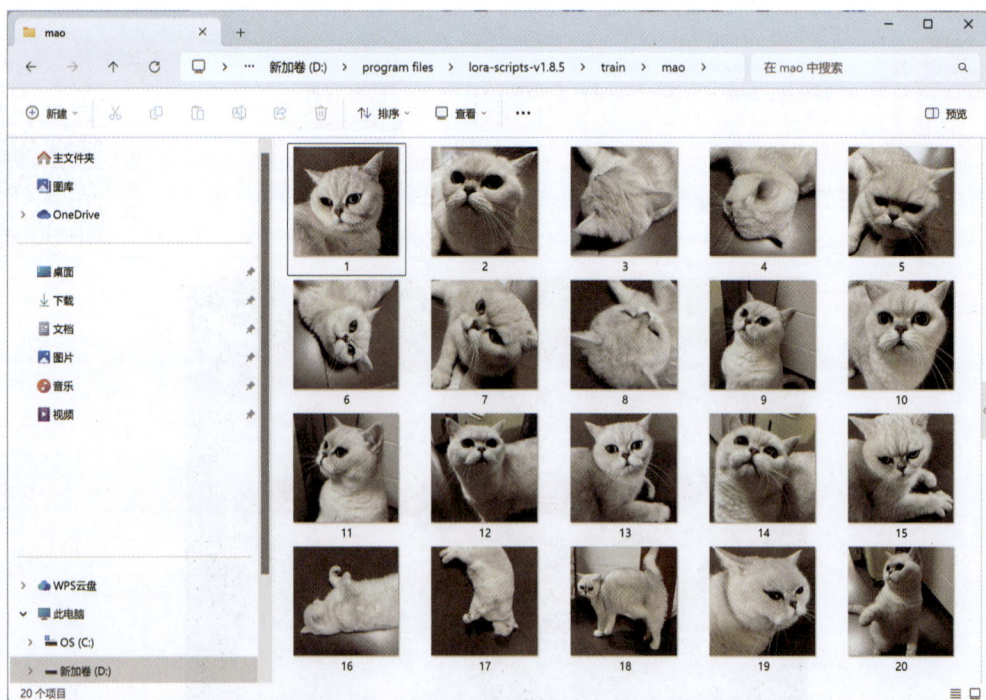

图4-81

（4）启动"SD-Trainer|SD训练UI"界面，在"新手"选项卡中设置"底模文件路径"为realcartoonPixar_v12.safetensors所在的文件夹，"训练数据集路径"为猫的照片所在的文件夹，"模型保存名称"为mao_v1。最后单击"开始训练"按钮，如图4-82所示。

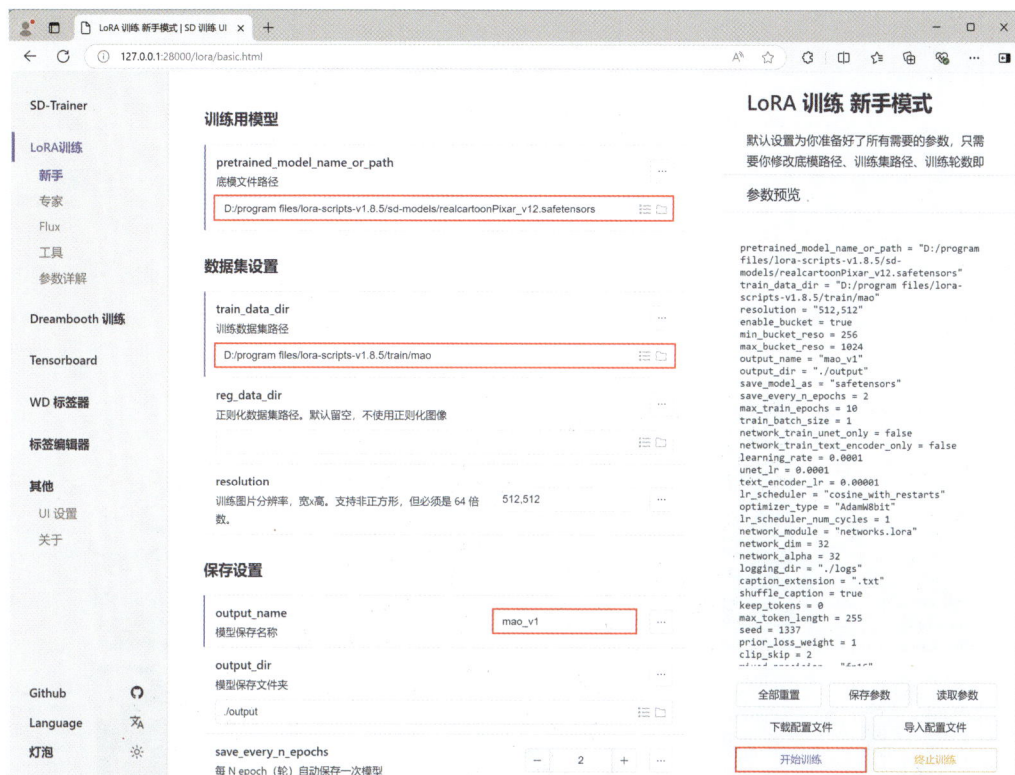

图4-82

（5）观察控制台，当出现"训练完成"字样时，代表Lora模型训练完成，如图4-83所示。

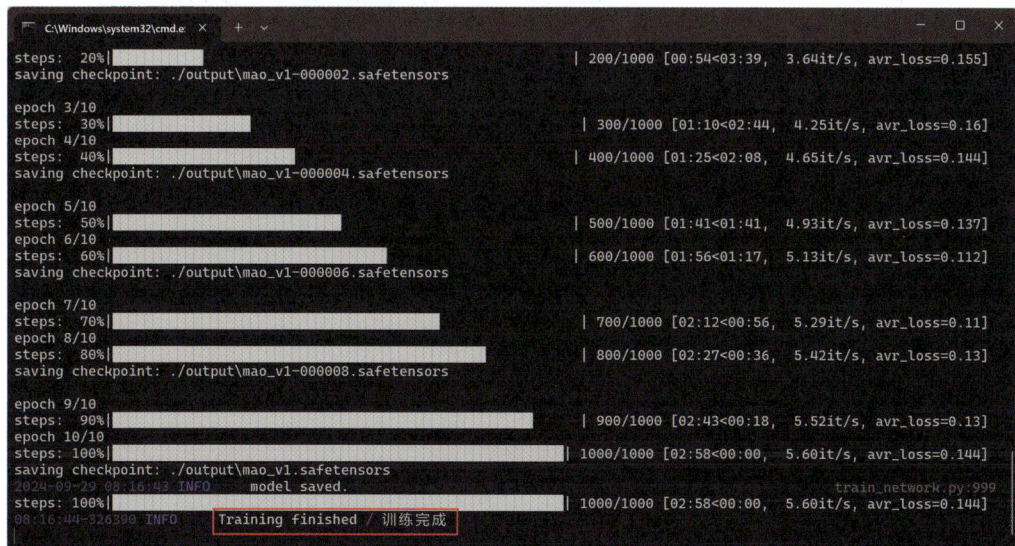

图4-83

（6）在Lora模型训练器根目录下的output文件夹里，可以找到刚刚训练得到的名称为mao_v1的Lora模型，如图4-84所示。

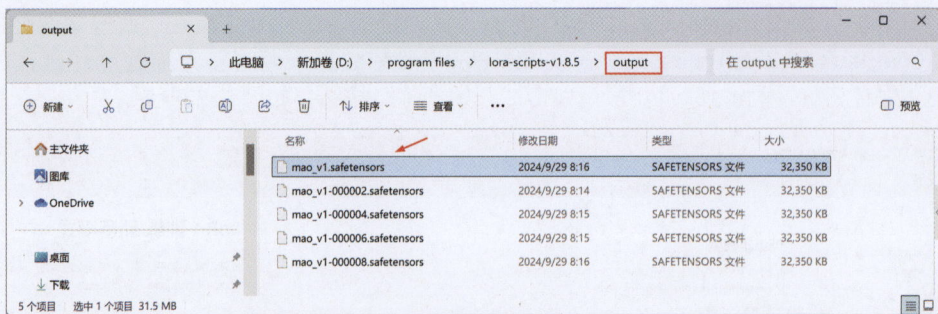

图4-84

（7）启动Stable Diffusion WebUI界面，在"模型"选项卡中单击"realcartoonPixar_v12"，如图4-85所示，将其设置为"Stable Diffusion模型"。

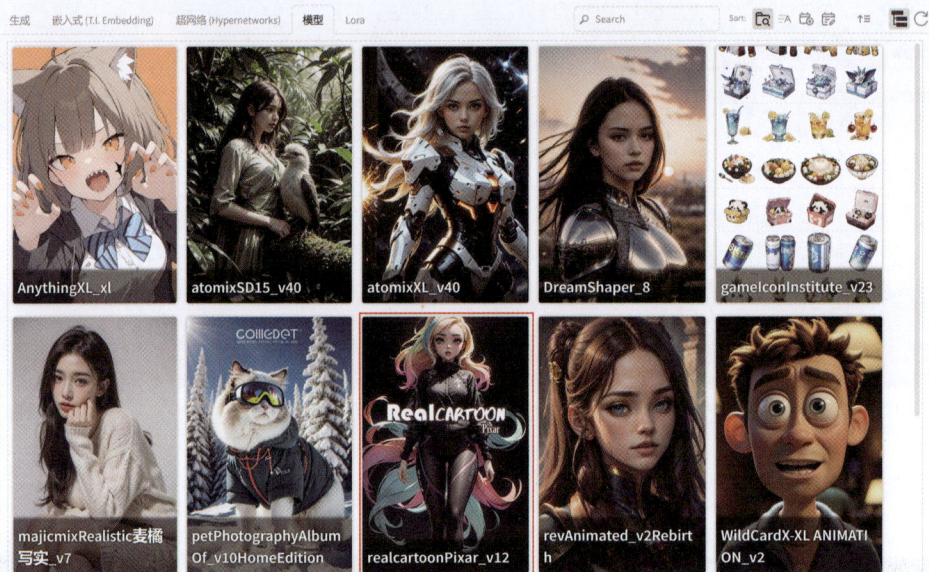

图4-85

（8）在"文生图"选项卡中输入中文提示词："猫，脸部特写，草地，花"后，按回车键生成对应的英文："cat,face close-up,in a meadow,flower,"，如图4-86所示。

图4-86

（9）在"反向词"文本框内输入："低质量，低分辨率，正常质量，最差质量"，按回车键将其翻译为英文："low quality,lowres,normal quality,worst quality,"，并调高这些反向词的权重均为2，如图4-87所示。

Stable Diffusion AIGC绘画与视频生成基础教程（微课版）

图4-87

（10）在"生成"选项卡中设置"迭代步数（Steps）"为30，设置"宽度"为768，"高度"为512，如图4-88所示。

（11）勾选"高分辨率修复（Hires.fix）"，设置"高分迭代步数"为20，"重绘幅度"为0.5，如图4-89所示。

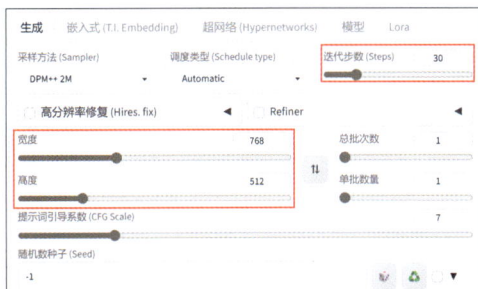

图4-88

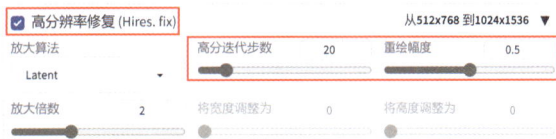

图4-89

（12）设置完成后，单击"生成"按钮，绘制出来的图像效果如图4-90所示，可以看出绘制出来的图像内容基本符合之前输入的提示词。

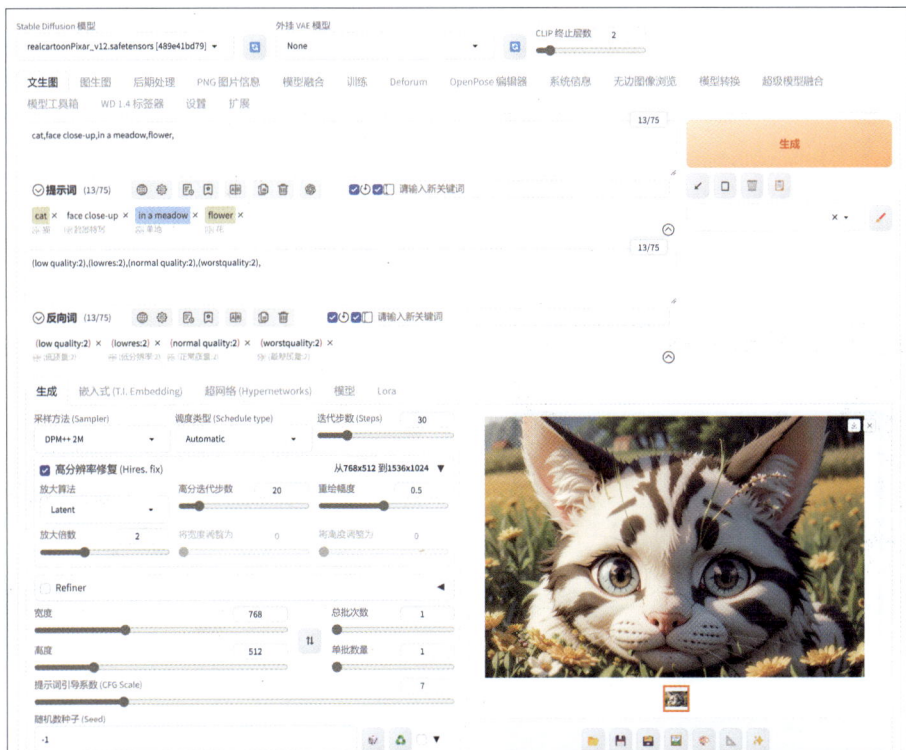

图4-90

（13）在Lora选项卡中单击"mao_v1"，如图4-91所示。

图4-91

（14）设置完成后，可以看到该Lora模型出现在"正向提示词"文本框中，如图4-92所示。

图4-92

（15）设置完成后，单击"生成"按钮，绘制出来的图像效果如图4-93所示。

（16）降低"mao_v1"Lora模型的权重至0.7，再次重绘图像，绘制出来的图像效果如图4-94所示。

图4-93

图4-94

（17）在绘制出来的图像中挑一张自己喜欢的图像，将其保存至Stable Diffusion软件根目录下的models>Lora文件夹内，重命名为mao_v1，如图4-95所示。

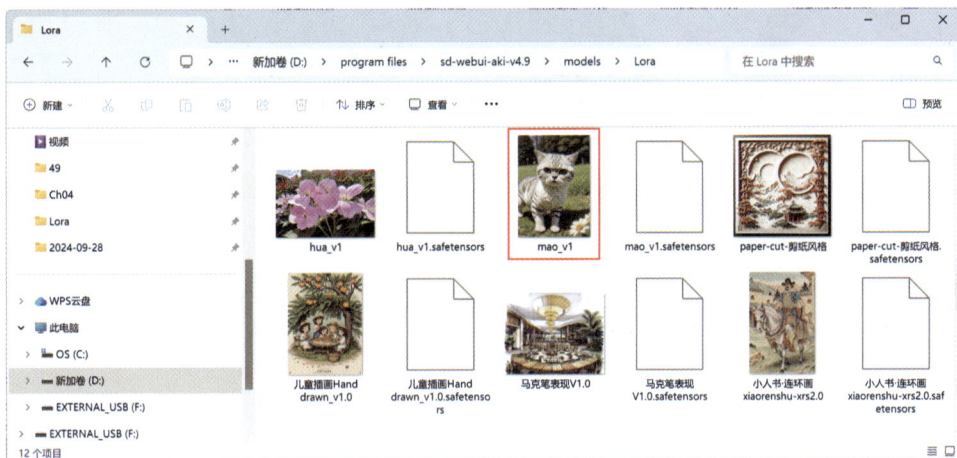

图4-95

（18）设置完成后，可以看到训练好的模型也有了对应的预览图像，如图4-96所示。

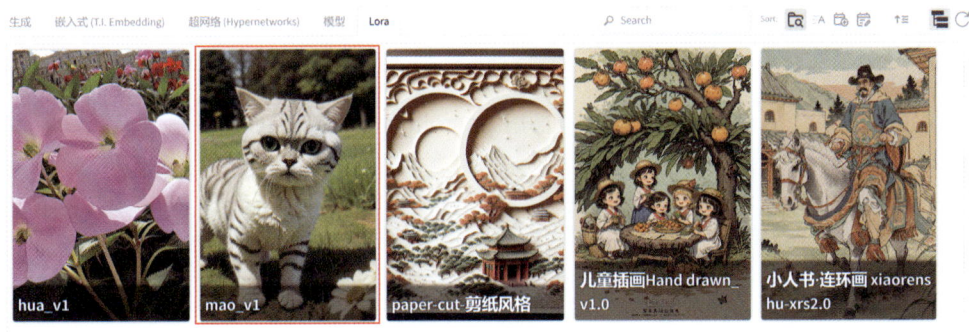

图4-96

第 **5** 章 图像控制

本章导读

本章讲解如何在Stable Diffusion中使用ControlNet插件对生成的图像内容进行控制，避免抽卡式AI绘画。

学习要点

❖ 了解图像控制相关插件

❖ 使用ControlNet控制绘画内容

❖ 使用照片控制角色的肢体动作

❖ 使用3D骨架模型编辑控制角色的肢体动作

❖ 使用OpenPose编辑器控制角色的肢体动作

❖ 使用Depth Library绘制海报

5.1 图像控制概述

通过阅读前面的章节，读者对使用Stable Diffusion软件来进行AI绘画应该非常熟练了，Stable Diffusion可以非常快速地根据输入的提示词绘制出对应的图像，但是相信大家在使用的过程中也常会产生一些疑问。比如生成的图像是否可以控制角色的肢体动作？如何避免出现扭曲的手指？怎样绘制文字海报效果？这些就需要使用一定的图像控制技术手段对生成画面的过程进行干预，以尽可能使绘画结果符合我们的预期。图5-1～图5-4所示为根据同一张骨骼图生成的4幅相同姿势及手势的角色图像。

图5-1

图5-2

图5-3

图5-4

5.2 图像控制插件

常用的图像控制插件有ControlNet、3D骨架模型编辑、OpenPose编辑器、Depth Library等，在学习实例前，我们先了解这些插件的功能及其应用。

5.2.1 ControlNet

ControlNet是一种基于神经网络结构的可以安装在Stable Diffusion软件中的插件，通过添加额外的条件来控制扩散模型。有了ControlNet的帮助，用户可以通过照片提取出来的角色骨骼图来控制AI绘画中角色的身体姿势及手势，在一定程度上避免了抽卡式绘图。ControlNet还可以根据用户绘制的简单线稿得到细节丰富的AI绘画作品，其参数如图5-5所示。

图5-5

　　读者在使用ControlNet插件前先检查Stable Diffusion根目录下的extensions/sd-webui-controlnet/models文件夹内是否有相应的模型文件，如果没有模型文件，则可以在Hugging Face网站（https://huggingface.co/lllyasviel/ControlNet-v1-1/tree/main）下载ControlNet模型文件，并将模型复制至根目录下的extensions/sd-webui-controlnet/models文件夹内才可以正常使用，如图5-6所示。

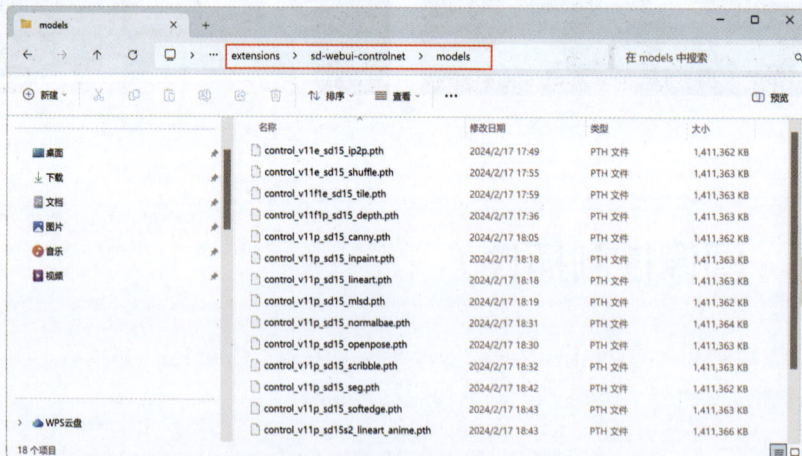

图5-6

5.2.2　3D骨架模型编辑

　　"3D骨架模型编辑"选项卡可以使用户在一个三维空间中对角色的骨骼和手指进行编辑，生成的骨骼图像需要与ControlNet搭配使用，如图5-7所示。

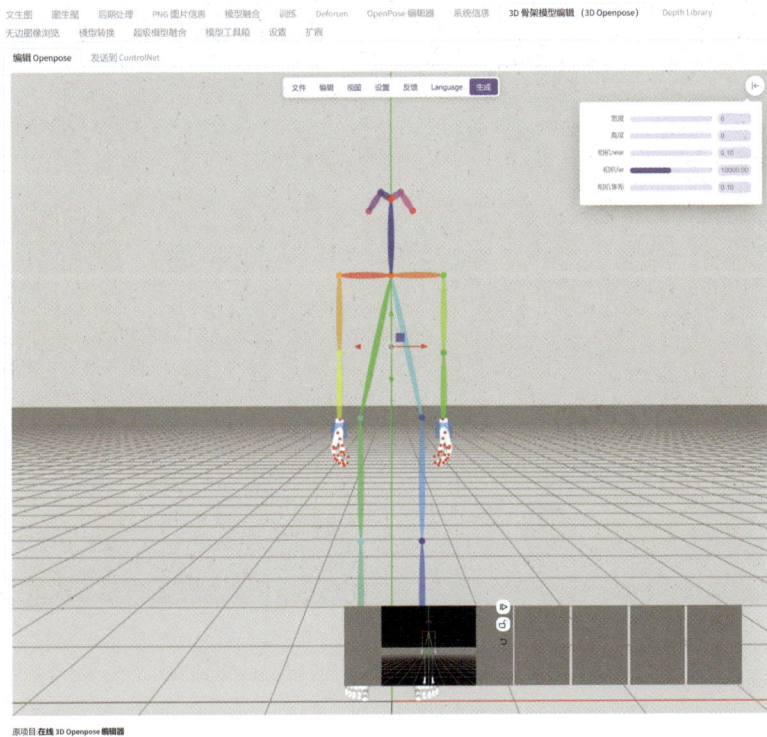

图5-7

用户可以根据调整好的姿势，生成骨骼姿势图、Depth（深度）图、Normal（法线）图和Canny（硬边缘）图，如图5-8和图5-9所示。

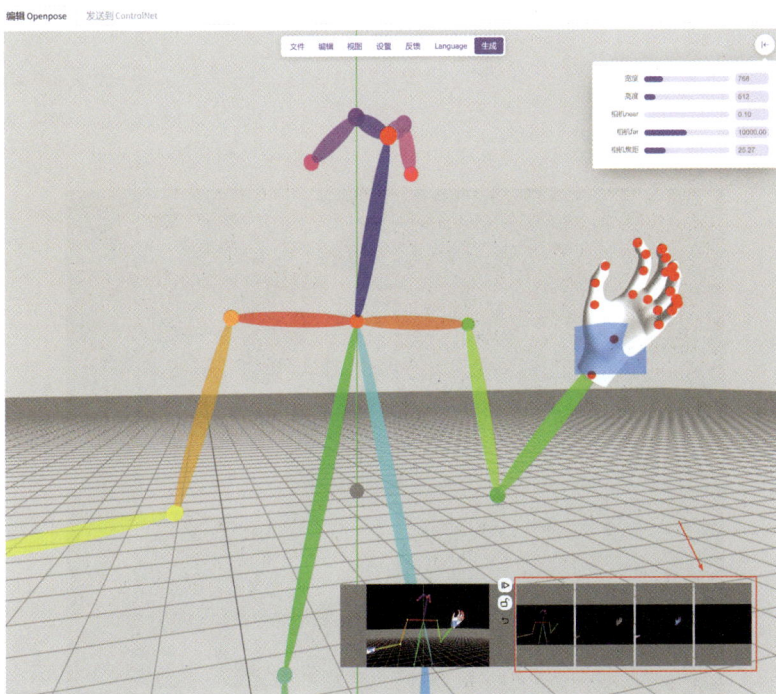

图5-8

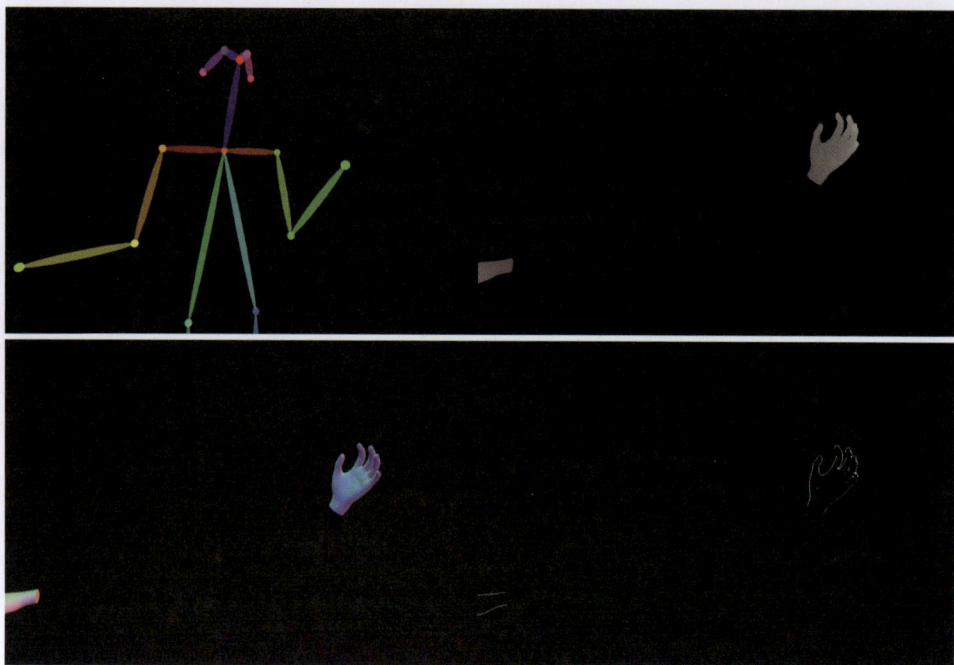

图5-9

技巧与提示

Ctrl+鼠标左键：可以平移视图。
鼠标左键：可以旋转视图。
鼠标中键：可以推进/拉远视图。

5.2.3 OpenPose编辑器

"OpenPose编辑器"是可以安装在Stable Diffusion中的插件，需要与ControlNet搭配使用，主要用于设置角色的骨骼姿势图来控制AI绘画里角色的身体姿势。图5-10所示为使用"OpenPose编辑器"制作的骨骼姿态图及使用该图绘制的虚拟角色。

图5-10

在"OpenPose编辑器"选项卡中可以看到一个简单的角色骨骼，其参数如图5-11所示。

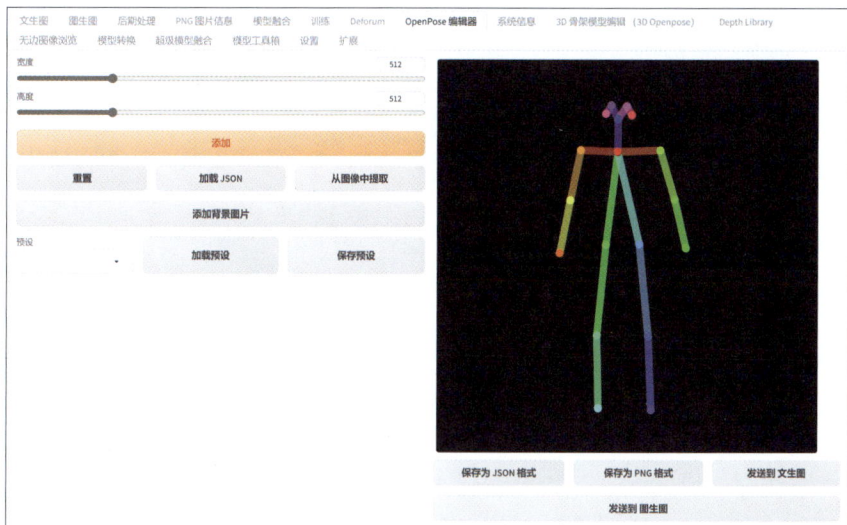

图5-11

5.2.4 Depth Library

Depth Library插件用于控制角色的手势，将其与OpenPose编辑器搭配使用，可以更准确地控制AI绘画中角色的动作。Depth Library选项卡中的参数如图5-12所示。

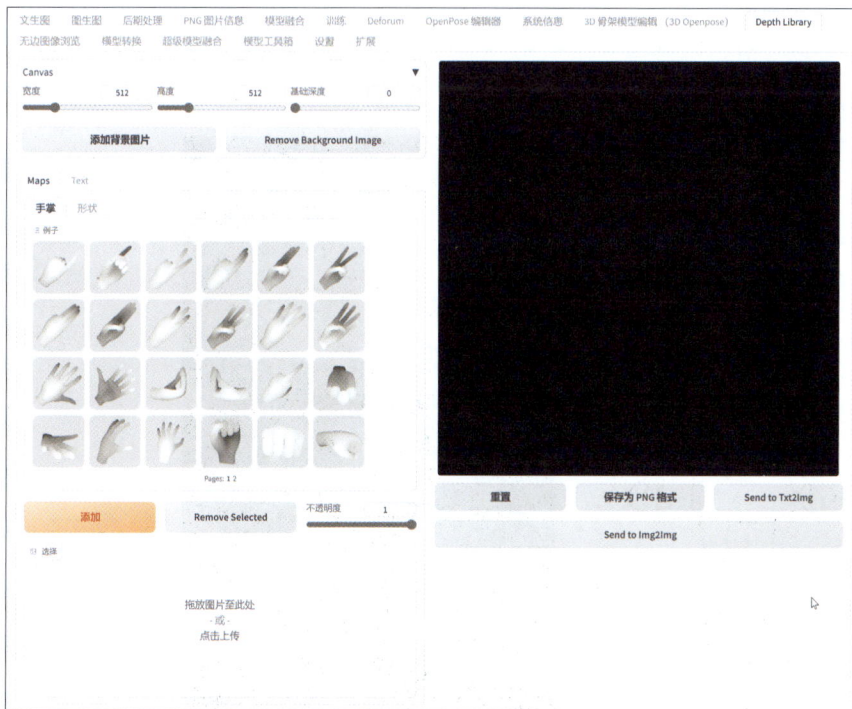

图5-12

Maps选项卡主要分为"手掌"选项卡和"形状"选项卡，其中，"手掌"选项卡中有多个手掌深度图供用户选择使用，如图5-13和图5-14所示。

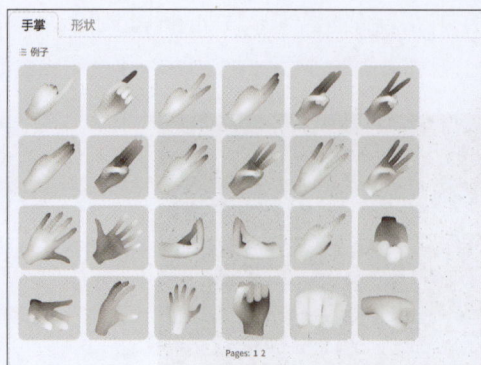

图5-13

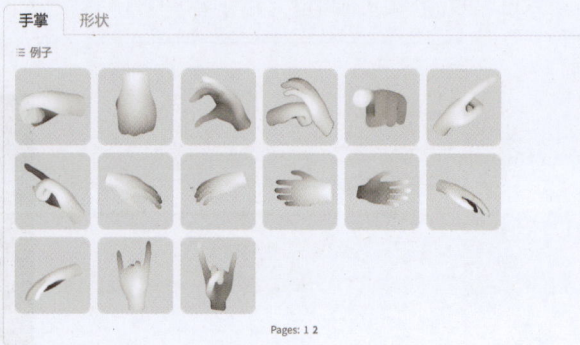

图5-14

"形状"选项卡中有多个不同的形状图供用户选择使用，如图5-15所示。

图5-15

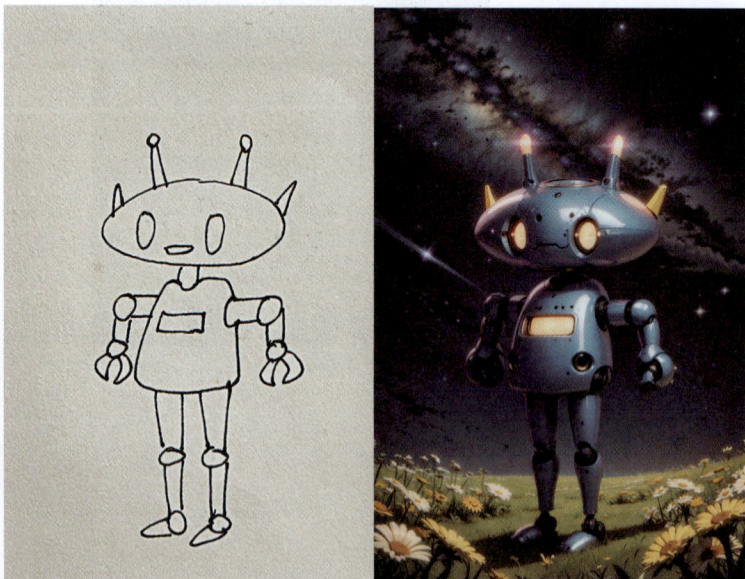

5.3 课堂实例：使用ControlNet绘制星空下的机器人

AI绘画软件可以根据手绘线稿绘制出细节度极高的绘画作品。本实例使用ControlNet来绘制一个站在星空下的机器人图像。图5-16所示为本实例使用的线稿及生成的AI图像效果。

图5-16

（1）启动Stable Diffusion WebUI界面，在"模型"选项卡中单击"realcartoonPixar_v12"，如图5-17所示，将其设置为"Stable Diffusion模型"。

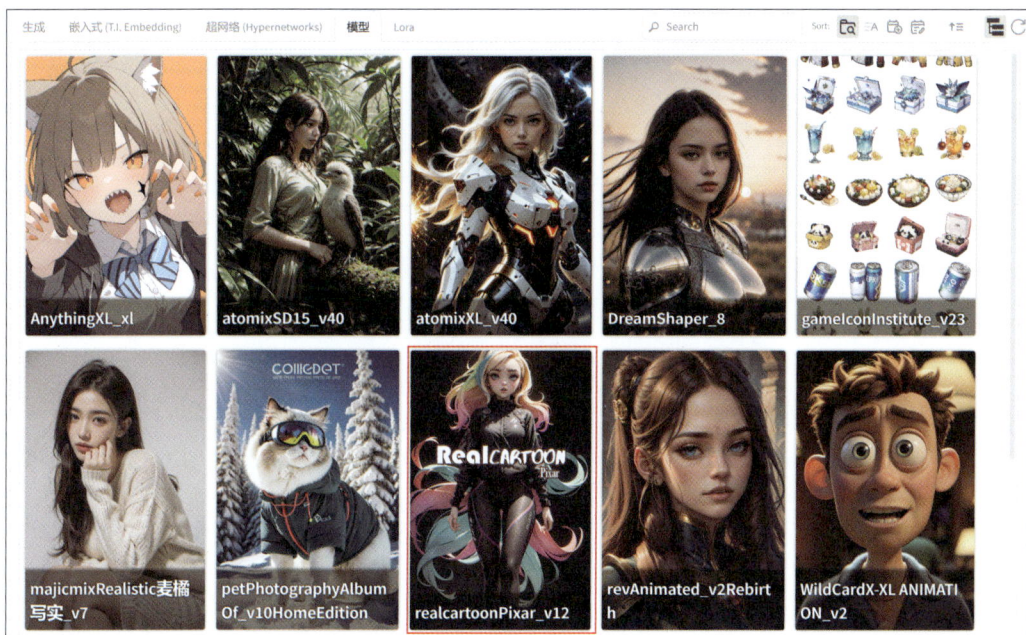

图5-17

（2）在"文生图"选项卡中输入中文提示词："机器人，星空，草地"后，按回车键生成对应的英文："robot, starry-sky, in a meadow,"，如图5-18所示。

图5-18

（3）在"反向词"文本框中输入："低质量，低分辨率，正常质量，最差质量"，按回车键将其翻译为英文："low quality, lowres, normal quality, worst quality,"，并调高这些反向词的权重均为2，如图5-19所示。

图5-19

（4）在"生成"选项卡中设置"迭代步数（Steps）"为30，设置"宽度"为512，"高度"为768，"总批次数"为2，如图5-20所示。

（5）勾选"高分辨率修复（Hires.fix）"，设置"高分迭代步数"为20，"重绘幅度"为0.5，如图5-21所示。

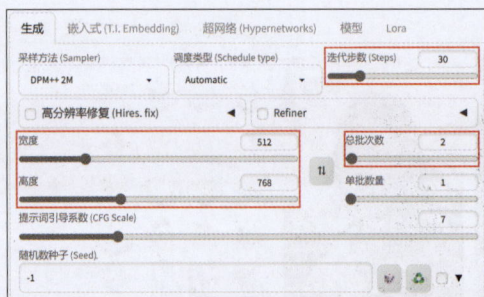

图5-20

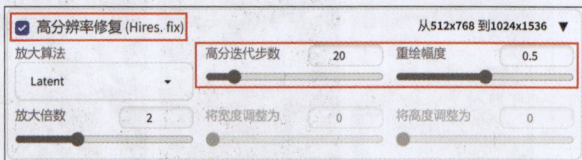

图5-21

（6）在ControlNet v1.1.455卷展栏中的"ControlNet单元0"选项卡中添加一张"机器人.jpg"图片，勾选"启用"和"完美像素模式"，设置"控制类型"为"Canny（硬边缘）"，"控制权重"为0.7，然后单击红色爆炸图案形状的Run preprocessor（运行预处理）按钮，如图5-22所示。

（7）经过一段时间的计算，在"单张图片"选项卡中图片的旁边显示计算出来的硬边缘图，如图5-23所示。

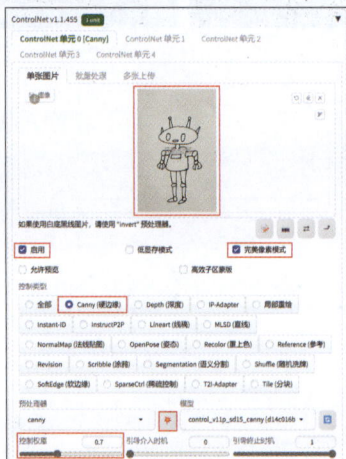

图5-22

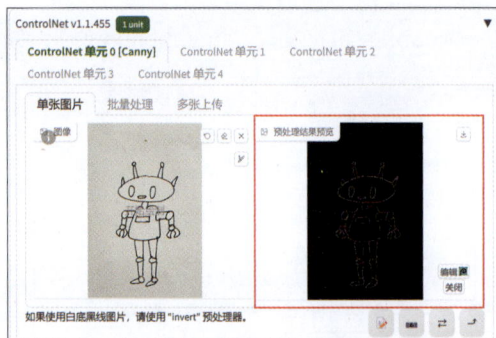

图5-23

（8）单击"生成"按钮，绘制出来的图像效果如图5-24所示。

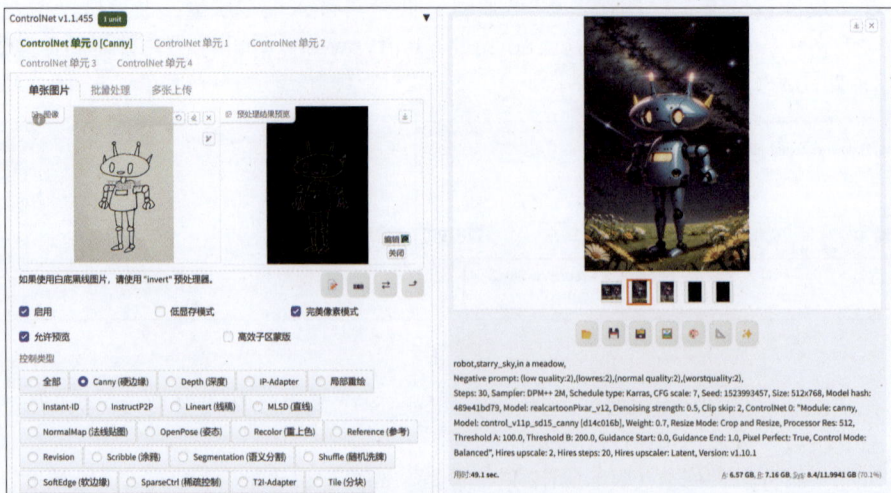

图5-24

（9）我们可以尝试多绘制几张机器人图像，本实例最终绘制出来的图像效果如图5-25所示。

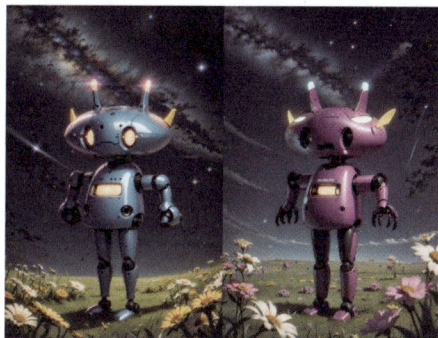

图5-25

5.4 课堂实例：使用照片控制角色的姿势

学习了之前的实例，相信读者已经对AI绘画有所了解，并且也意识到当我们通过文字描述来生成人物角色时，人体姿势的随机性是非常大的。接下来，本实例使用照片来尽可能地控制角色的身体姿势，尤其是手势。图5-26所示为本实例使用的照片及AI绘制出来的图像效果。

图5-26

微课视频

（1）启动Stable Diffusion WebUI界面，在"模型"选项卡中单击"realcartoonPixar_v12"，如图5-27所示，将其设置为"Stable Diffusion模型"。

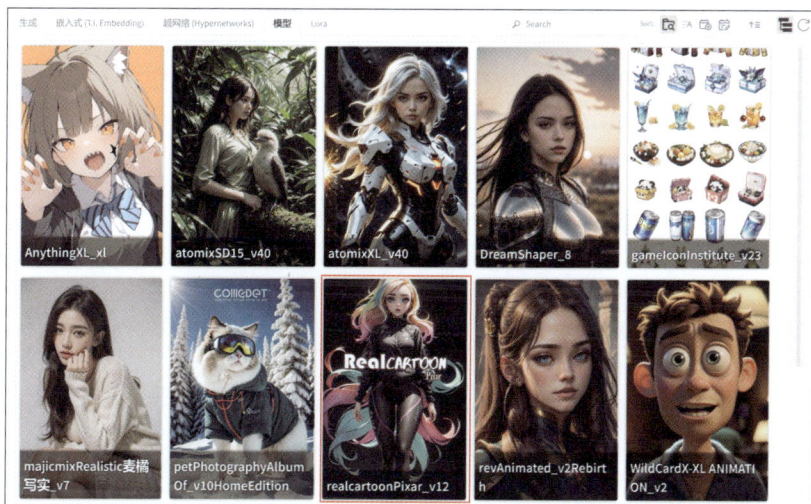

图5-27

（2）在"文生图"选项卡中输入中文提示词："1女孩，微笑，马尾辫，黑色头发，T恤，花园"后，按回车键生成对应的英文："1girl,smile,ponytail,black hair,t-shirt,garden,"，如图5-28所示。

图5-28

（3）在"反向词"文本框中输入："低质量，低分辨率，正常质量，最差质量"，按回车键将其翻译为英文："low quality,lowres,normal quality,worst quality,"，并调高这些反向词的权重均为2，如图5-29所示。

图5-29

（4）在"生成"选项卡中设置"迭代步数（Steps）"为30，设置"宽度"为768，"高度"为512，"总批次数"为2，如图5-30所示。

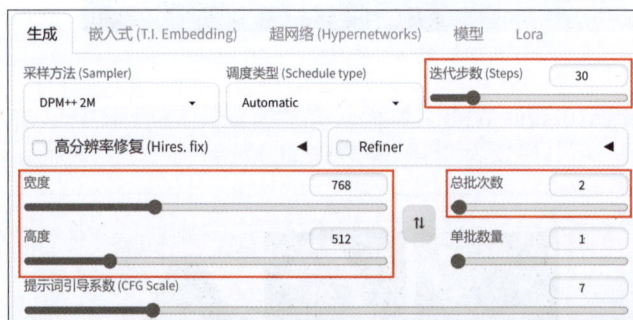

图5-30

（5）勾选"高分辨率修复（Hires.fix）"，设置"高分迭代步数"为20，"重绘幅度"为0.5，如图5-31所示。

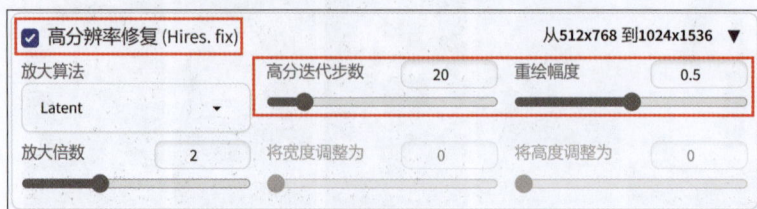

图5-31

（6）在ControlNet v1.1.455卷展栏中添加一张"女孩.jpg"照片，勾选"启用"和"完美像素模式"，设置"控制类型"为"OpenPose（姿态）"，然后单击红色爆炸图案形状的Run preprocessor（运行预处理）按钮，如图5-32所示。

（7）经过一段时间的计算，在"单张图片"选项卡中图片的旁边显示计算出来的姿态图。这个图可能不会特别准确，尤其是角色的手部。单击"预处理结果预览"右侧下方的"编辑"按钮，如图5-33所示。

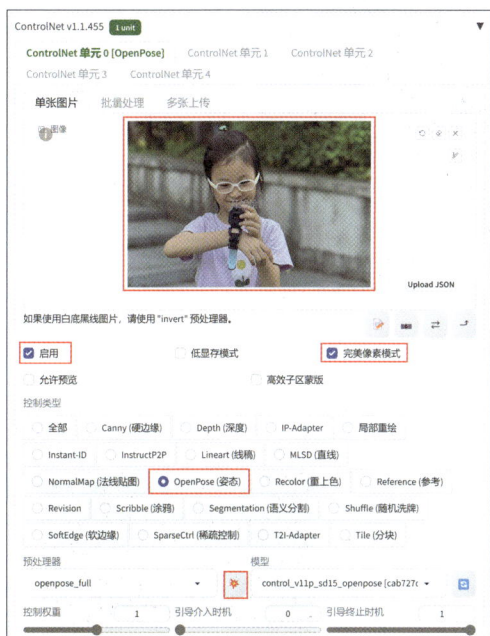

图5-32

图5-33

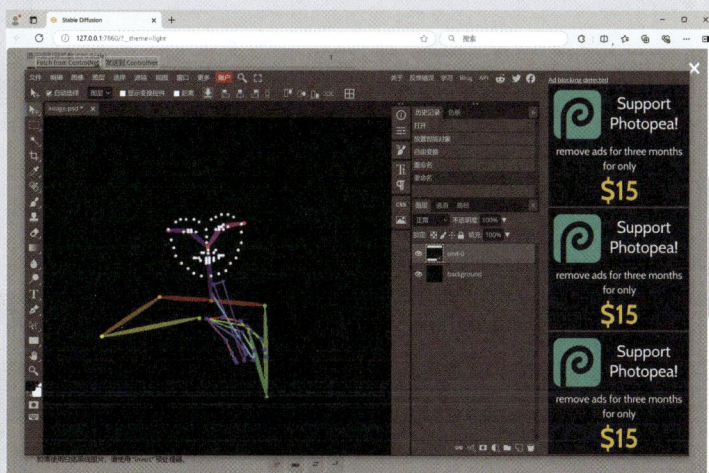

技巧与提示

"预处理结果预览"右侧下方有2个"编辑"按钮，单击上面的"编辑"按钮可以使用在线图像处理软件对图像进行处理，如图5-34所示。

图5-34

（8）在弹出的SD-WEBUI-OPENPOSE-EDITOR面板中可以看到角色手部的骨骼不太准确，如图5-35所示。

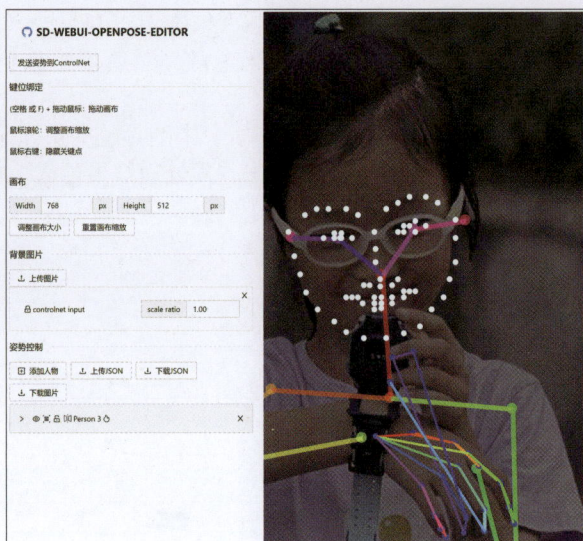

图5-35

（9）在"姿势控制"组中单击Left Hand卷展栏和Right Hand卷展栏后面的×按钮，如图5-36所示，删除角色左手和右手的骨骼，如图5-37所示。

图5-36

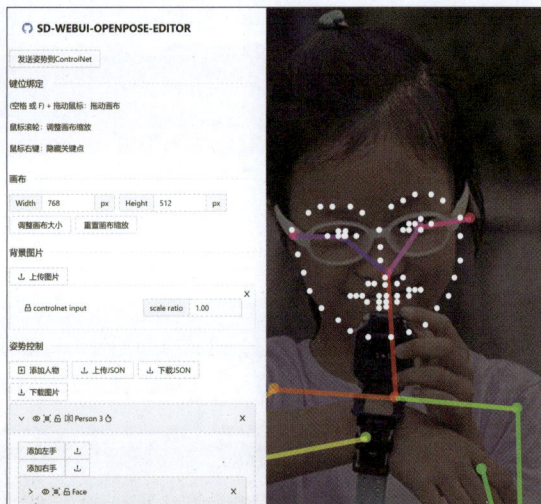

图5-37

（10）单击"添加左手"和"添加右手"按钮，如图5-38所示，重新在角色的手腕位置处添加左手骨骼和右手骨骼，如图5-39所示。

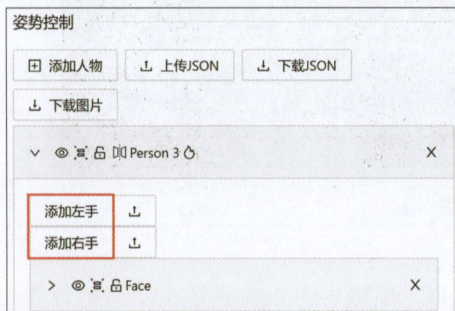

图5-38

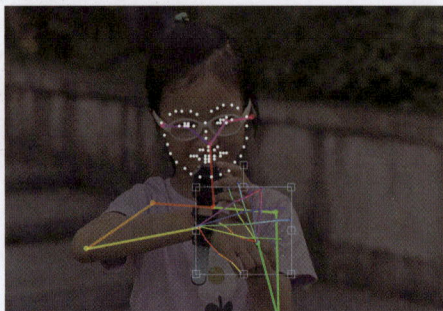

图5-39

（11）单击Left Hand卷展栏和Right Hand卷展栏上的"解组"按钮，如图5-40所示，这样就可以单独调整角色双手上的控制点来改变手势。

图5-40

（12）在SD-WEBUI-OPENPOSE-EDITOR面板中微调手部的姿势至图5-41所示，调整完成后，单击"发送姿势到ControlNet"按钮，如图5-42所示。

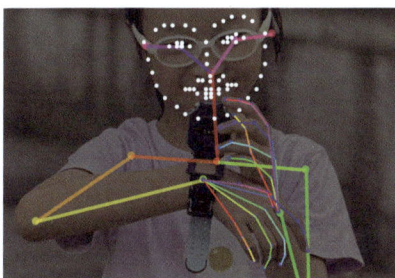

图5-41

图5-42

（13）单击"生成"按钮，绘制出来的图像效果如图5-43所示。可以看出画面中角色的身体姿势基本符合照片中女孩的姿势，但是手指部分还是不太准确并且出现了明显的扭曲效果。

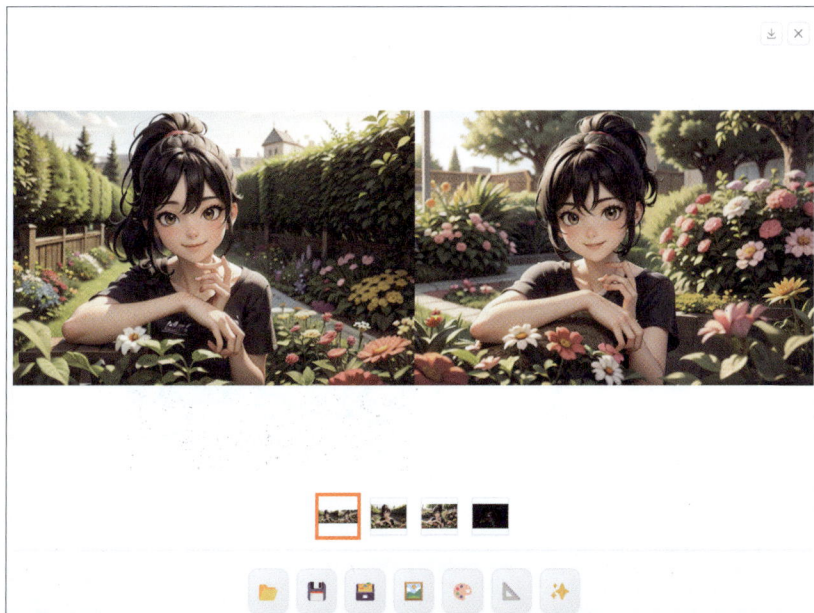

图5-43

（14）在"ControlNet单元1"卷展栏中添加一张"女孩.jpg"照片，勾选"启用"，设置"控制类型"为"Canny（硬边缘）"，然后单击红色爆炸图案形状的Run preprocessor（运行预处理）按钮，如图5-44所示。

图5-44

（15）经过一段时间的计算，在"单张图片"选项卡中图片的旁边显示计算出来的硬边缘图，如图5-45所示。

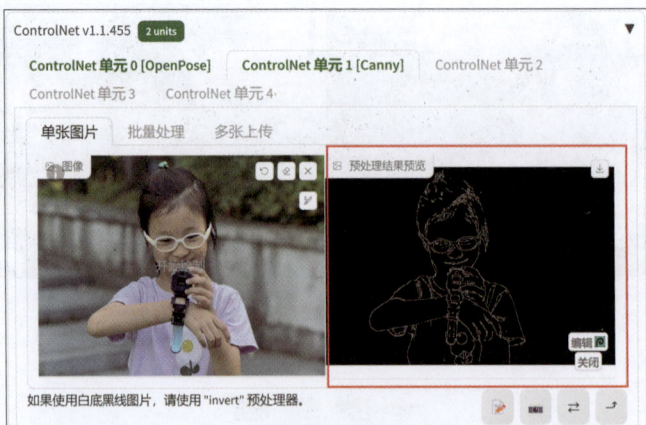

图5-45

（16）重绘图像，绘制出来的图像效果如图4-46所示，可以看到角色的手指效果比之前要准确了许多。

Stable Diffusion AIGC绘画与视频生成基础教程（微课版）

图5-46

（17）通过上面的图像，可以看到角色的脸上出现了眼镜，这是因为硬边缘图里有眼镜的轮廓线条，接下来考虑将画面中的眼镜去掉。在"ControlNet单元1"卷展栏中勾选"高效子区蒙版"，添加一张"女孩_蒙版.jpg"图片，如图5-47所示。

图5-47

（18）重绘图像，绘制出来的图像效果如图4-48所示，可以看到角色的脸上没有眼镜了。

图5-48

本实例使用"3D骨架模型编辑"控制角色的姿势。图5-49所示为本实例制作的骨骼姿态图及AI绘制的图像效果。

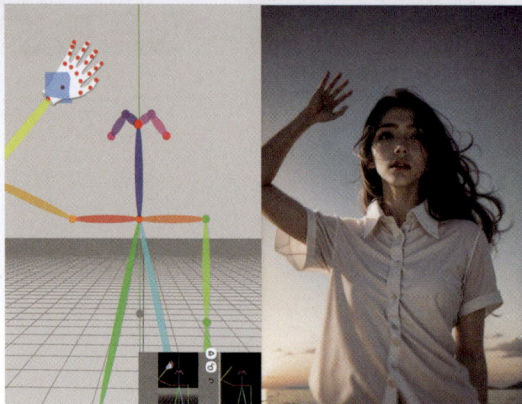

图5-49

（1）启动Stable Diffusion WebUI界面，打开"3D骨架模型编辑"选项卡，骨骼的默认姿势如图5-50所示。

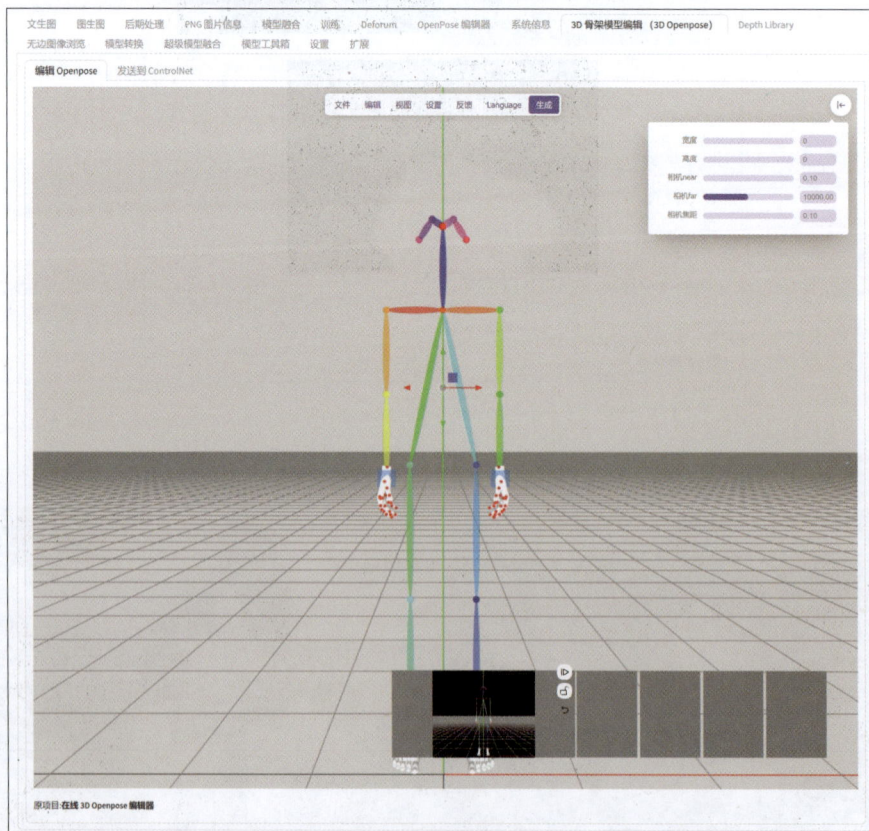

图5-50

（2）设置骨骼姿势图的"宽度"为512，"高度"为768，如图5-51所示。

（3）在"编辑Openpose"选项卡中调整骨骼的姿势及手势后，单击"生成"按钮，如图5-52所示，即可在底部生成骨骼姿势图、Depth（深度）图、Normal（法线）图和Canny（硬边缘）图。

图5-51

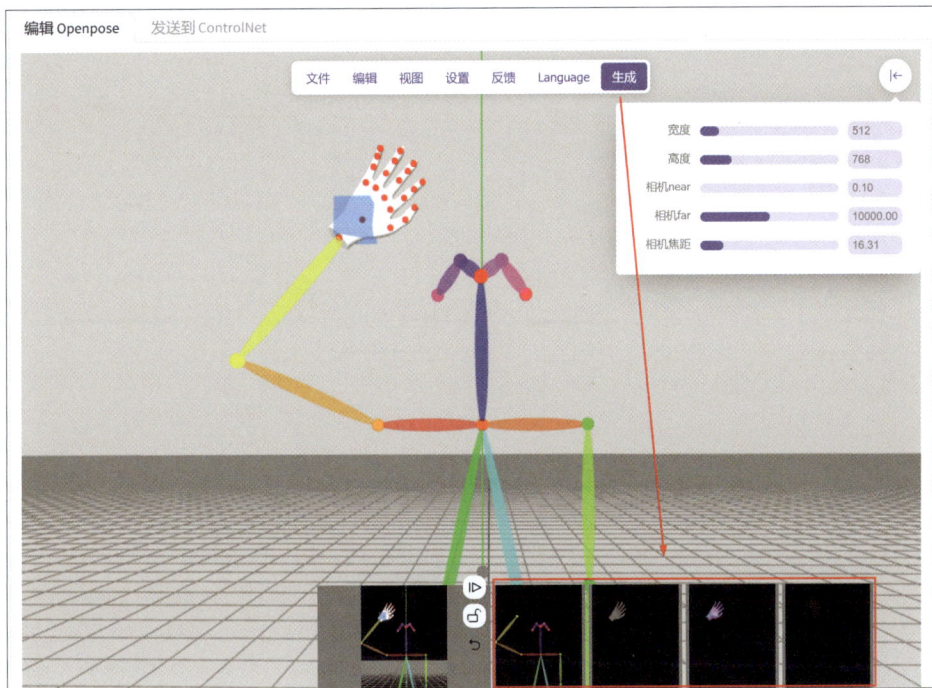

图5-52

（4）在底部的4个背景为黑色的缩略图上分别单击，将这些图像保存至"下载"文件夹中，如图5-53所示。

图5-53

（5）在"ControlNet单元0"选项卡中添加骨骼姿势图，勾选"启用"，设置"控制类型"为"OpenPose（姿态）"，"预处理器"为none，如图5-54所示。

（6）在"ControlNet单元1"选项卡中添加一张手部深度图，勾选"启用"，设置"控制类型"为"Depth（深度）"，"预处理器"为none（无），"控制权重"为0.4，如图5-55所示。

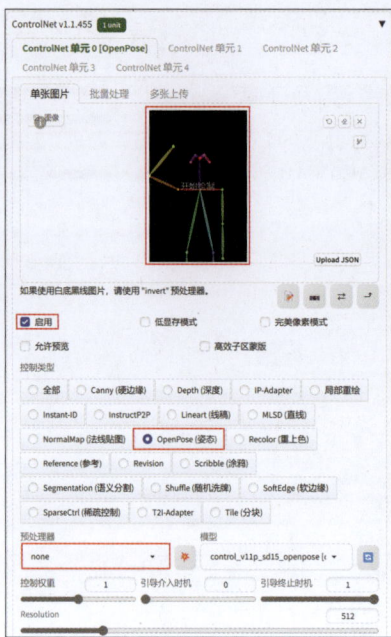

图5-54

图5-55

💡 **技巧与提示**　深度图主要用来确定AI绘制画面中物体的前后关系。

（7）在"ControlNet单元2"选项卡中添加一张手部硬边缘图，勾选"启用"，设置"控制类型"为"Canny（硬边缘）"，"预处理器"为none（无），"控制权重"为0.6，如图5-56所示。

（8）在"ControlNet单元3"选项卡中添加一张手部法线贴图，勾选"启用"，设置"控制类型"为"NormalMap（法线贴图）"，"预处理器"为none（无），"控制权重"为0.4，如图5-57所示。

图5-56

图5-57

（9）在"模型"选项卡中单击"DreamShaper_8"，如图5-58所示，将其设置为"Stable Diffusion模型。

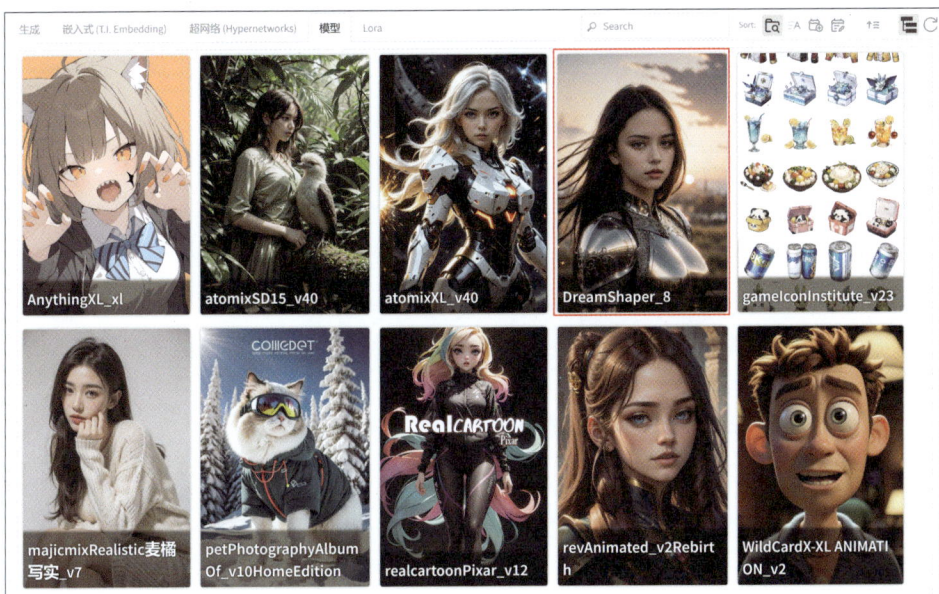

图5-58

（10）在"文生图"选项卡中输入中文提示词："1女孩，黑色头发，长发，有领衬衫，海边"后，按回车键生成对应的英文："1girl,black hair,long hair,collared-shirt,over the sea,"，如图5-59所示。

图5-59

（11）在"反向词"文本框内输入："低质量，低分辨率，正常质量，最差质量"，按回车键将其翻译为英文："low quality,lowres,normal quality,worst quality,"，并调高这些反向词的权重均为2，如图5-60所示。

图5-60

（12）在"生成"选项卡中设置"迭代步数（Steps）"为30，设置"宽度"为512，"高度"为768，"总批次数"为2，如图5-61所示。

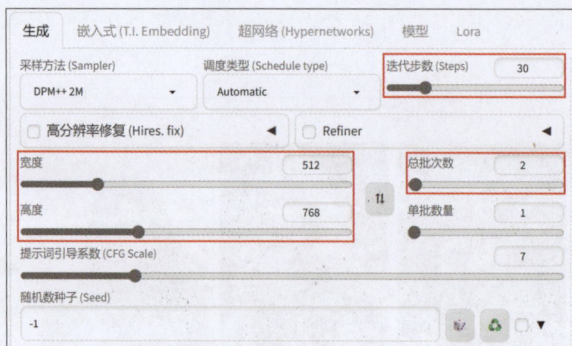

图5-61

（13）勾选"高分辨率修复（Hires.fix）"，设置"高分迭代步数"为20，"重绘幅度"为0.5，如图5-62所示。

（14）在ADetailer卷展栏中勾选ADetailer，如图5-63所示。

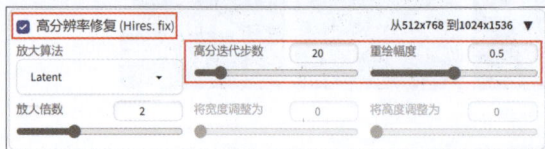

图5-62

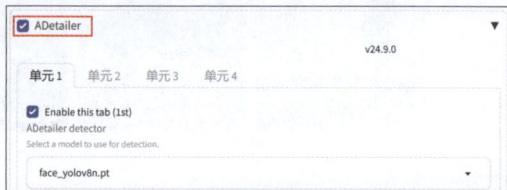

图5-63

（15）设置完成后，单击"生成"按钮，绘制出来的图像效果如图5-64所示，可以看到这些图像的效果基本符合之前输入的提示词，且角色的动作、手势与骨骼图的姿势保持一致。

图5-64

5.6 课堂实例：使用OpenPose编辑器控制角色的姿势

本实例使用OpenPose编辑器设置角色姿势。图5-65所示为本实例制作骨骼姿态图及AI绘制的图像效果。

图5-65

（1）启动Stable Diffusion WebUI界面，打开"OpenPose编辑器"选项卡，如图5-66所示。

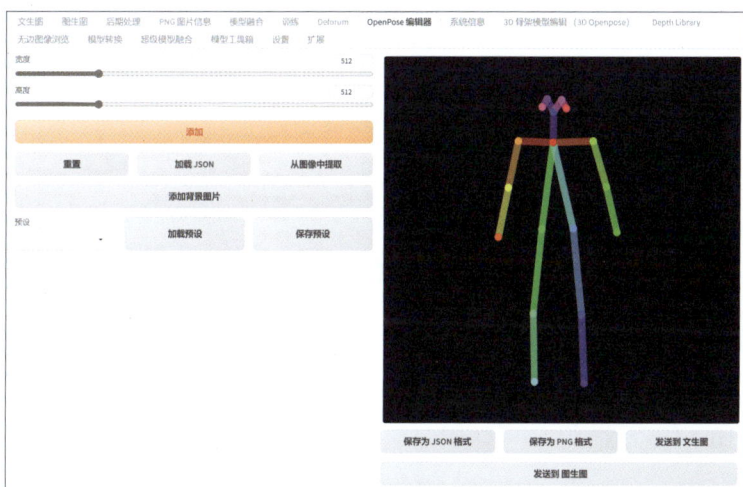

图5-66

（2）在"OpenPose编辑器"选项卡中设置"宽度"为512，"高度"为768，如图5-67所示。
（3）缩放并调整骨骼的姿势后，单击"发送到文生图"按钮，如图5-68所示。

图5-67

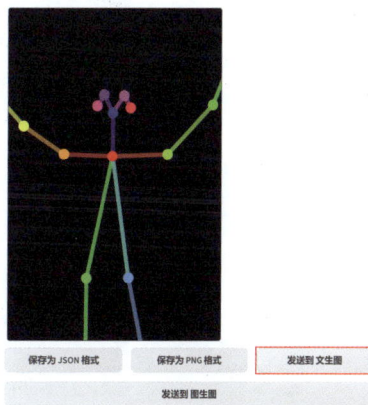

图5-68

（4）在ControlNet卷展栏中可看到刚刚调整完成的骨骼姿态图，设置"控制类型"为"OpenPose（姿态）"，"预处理器"为none（无），如图5-69所示。

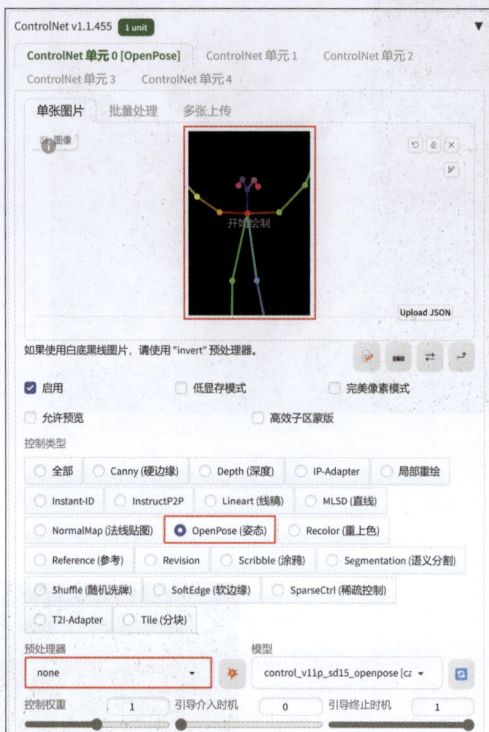

图5-69

💡 技巧与提示　本书的配套教学资源包提供了制作好的骨骼姿态图，读者可以直接使用。

（5）在"模型"选项卡中单击"majicmixRealistic麦橘写实_v7"，如图5-70所示，将其设置为"Stable Diffusion模型"。

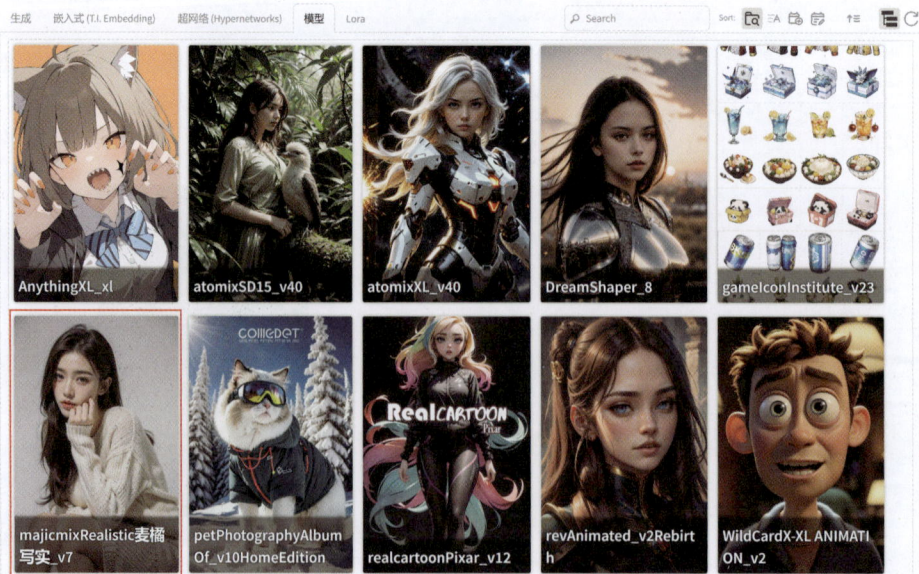

图5-70

Stable Diffusion AIGC绘画与视频生成基础教程（微课版）

（6）在"文生图"选项卡中输入中文提示词："1女孩，黑色头发，短发，微笑，有领衬衫，牛仔裤，草地，阳光"后，按回车键生成对应的英文："1girl，black hair，short hair，smile，collared-shirt，jeans，in a meadow，sunshine，"，如图5-71所示。

图5-71

（7）在"反向词"文本框内输入："低质量，低分辨率，正常质量，最差质量"，按回车键将其翻译为英文："low quality，lowres，normal quality，worst quality，"，并调高这些反向词的权重均为2，如图5-72所示。

图5-72

（8）在"生成"选项卡中设置"迭代步数（Steps）"为30，设置"宽度"为512，"高度"为768，"总批次数"为2，如图5-73所示。

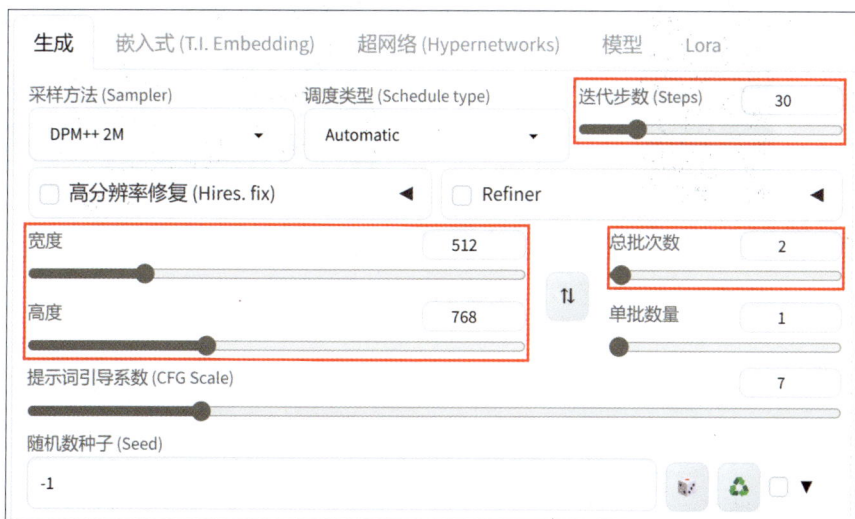

图5-73

（9）勾选"高分辨率修复（Hires.fix）"，设置"高分迭代步数"为20，"重绘幅度"为0.5，如图5-74所示。

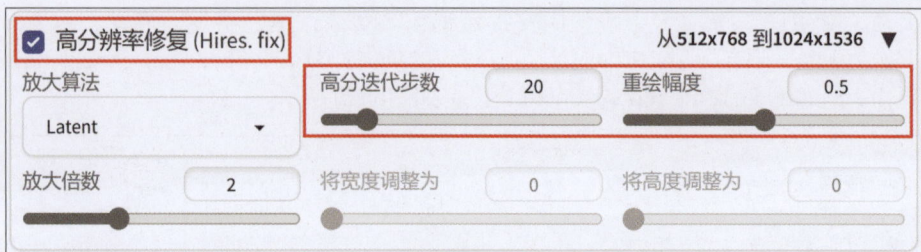

图5-74

（10）在ADetailer卷展栏中勾选ADetailer，如图5-75所示。

图5-75

（11）设置完成后，绘制出来的图像效果如图5-76所示，可以看到这些图像的效果基本符合之前输入的提示词，且角色的动作与骨骼图的姿势保持一致。

图5-76

（12）读者可以尝试多次绘制图像，本实例最终绘制的图像结果如图5-77所示。

图5-77

5.7 课堂实例：使用Depth Library绘制海报

AI绘画软件可以快速绘制有趣的海报图像效果。本实例使用Depth Library来输入文字，并搭配ControlNet来绘制文字效果的海报图像。图5-78所示为使用Depth Library制作的文字及AI绘制的图像效果。

图5-78

（1）启动Stable Diffusion WebUI界面，在Depth Library选项卡中设置"宽度"为512，"高度"为768，如图5-79所示，更改画布的大小。

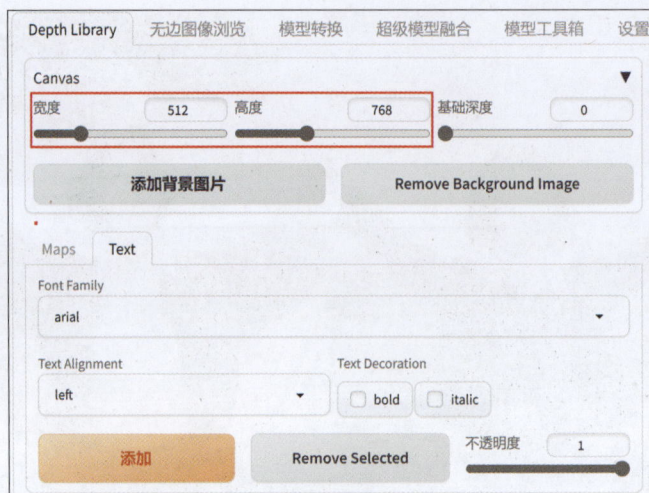

图5-79

（2）在Text选项卡中单击"添加"按钮，如图5-80所示，在黑色画布上添加一个文本。

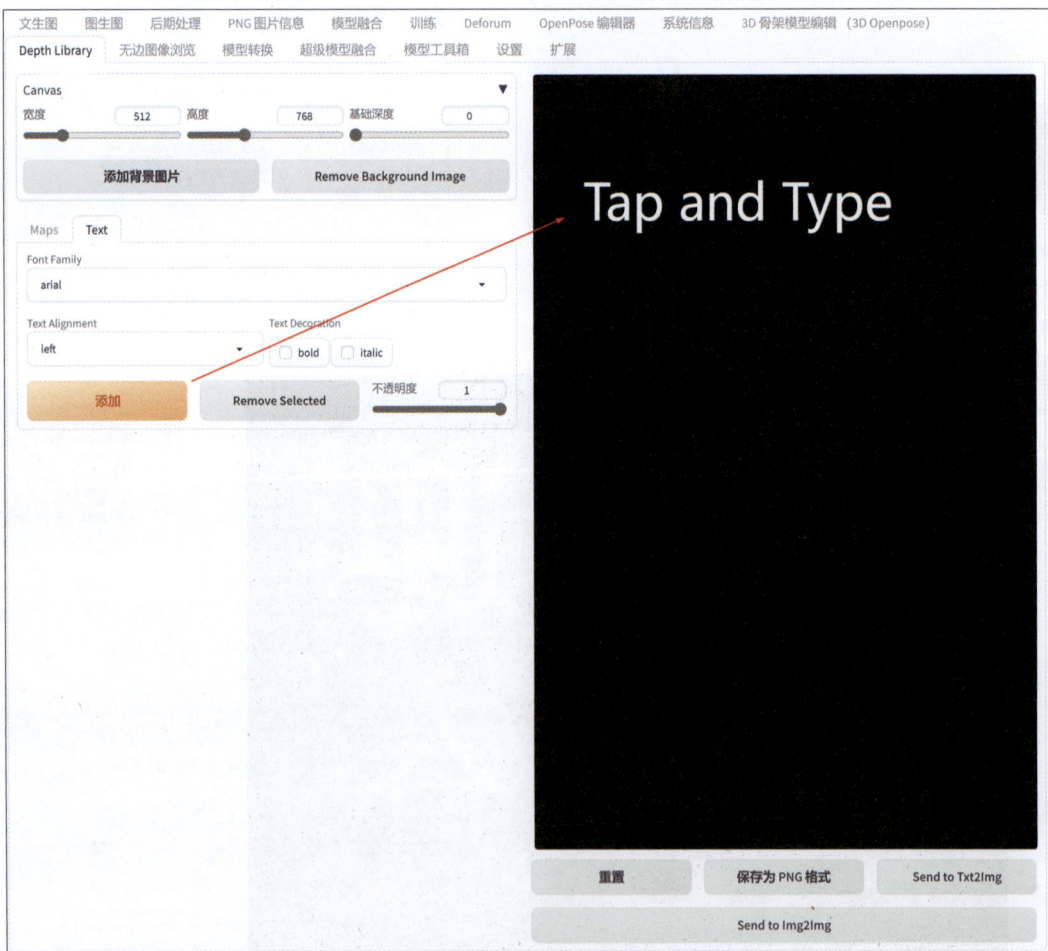

图5-80

（3）将文字更改为"迎春"，调整文字的大小和位置至图5-81所示后，单击"保存为PNG格式"按钮，将其保存至本地硬盘上。

图5-81

也可以使用Photoshop软件来制作这个文字图像。

（4）在"模型"选项卡中单击"revAnimated_v2Rebirth"，如图5-82所示，将其设置为"Stable Diffusion模型"。

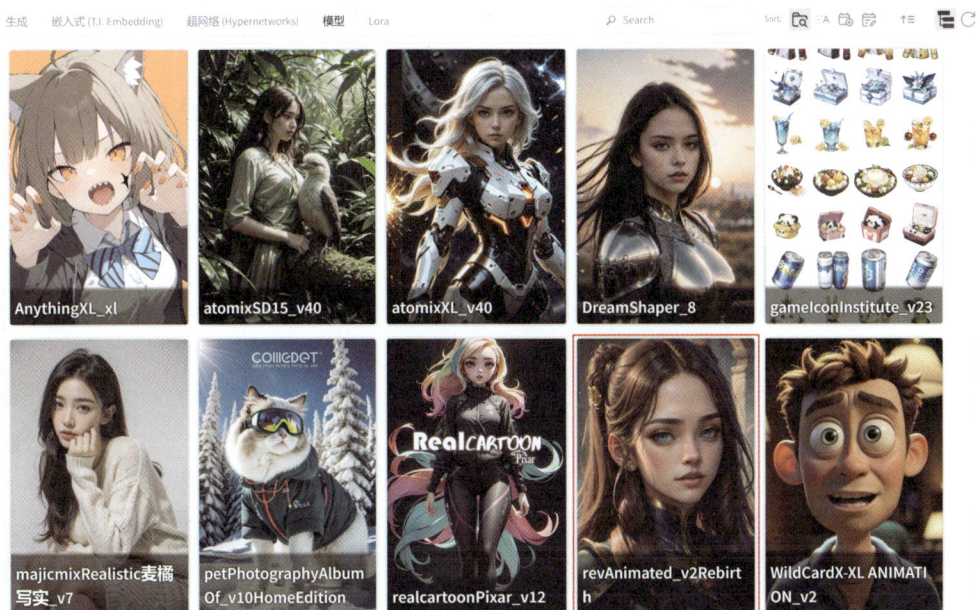

图5-82

（5）在"文生图"选项卡中输入中文提示词："中国风格建筑，树，花，山脉，云"后，按回车键生成对应的英文："Chinese style architecture,tree,flower,mountain,cloud,"，如图5-83所示。

图5-83

（6）在Lora选项卡中单击"paper-cut-剪纸风格"，如图5-84所示。

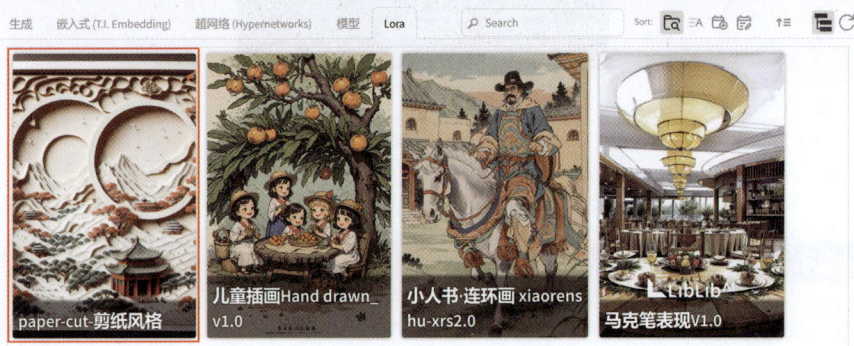

图5-84

（7）设置完成后，可以看到该Lora模型出现在"正向提示词"文本框中，将该Lora模型的权重设置为0.7，如图5-85所示。

图5-85

（8）在"反向词"文本框内输入："低质量，低分辨率，正常质量，最差质量"，按回车键将其翻译为英文："low quality,lowres,normal quality,worst quality,"，并调高这些反向词的权重均为2，如图5-86所示。

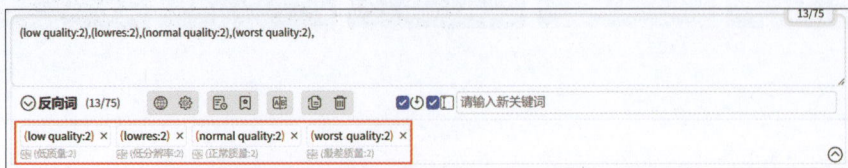

图5-86

（9）在"ControlNet单元0"选项卡中添加刚刚保存的文字图片，勾选"启用"，设置"控制类型"为"Tile（分块）"，"控制权重"为0.6，然后单击红色爆炸图案形状的Run preprocessor（运行预处理）按钮，如图5-87所示。

图5-87

（10）经过一段时间的计算，在"单张图片"选项卡中图片的旁边显示计算出来的分块/模糊图，如图5-88所示。

图5-88

（11）在"ControlNet单元1"选项卡中添加刚刚保存的图片，勾选"启用"和"完美像素模式"，设置"控制类型"为"Depth（深度）"，然后单击红色爆炸图案形状的Run preprocessor（运行预处理）按钮，如图5-89所示。

图5-89

（12）经过一段时间的计算，在"单张图片"选项卡中图片的旁边显示计算出来的深度图，如图5-90所示。

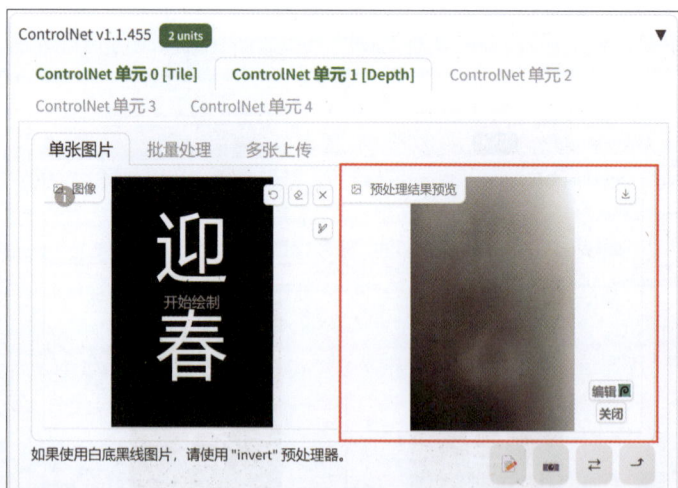

图5-90

（13）在"ControlNet单元2"选项卡中添加刚刚保存的图片，勾选"启用"，设置"控制类型"为"Canny（硬边缘）"，然后单击红色爆炸图案形状的Run preprocessor（运行预处理）按钮，如图5-91所示。

（14）经过一段时间的计算，在"单张图片"选项卡中图片的旁边显示计算出来的硬边缘图，如图5-92所示。

图5-91

图5-92

（15）在"生成"选项卡中设置"迭代步数（Steps）"为30，设置"宽度"为512，"高度"为768，"总批次数"为2，如图5-93所示。

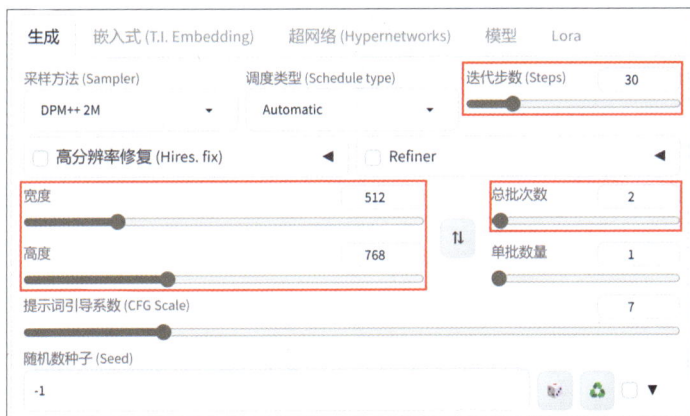

图5-93

（16）勾选"高分辨率修复（Hires.fix）"，设置"高分迭代步数"为20，"重绘幅度"为0.5，如图5-94所示。

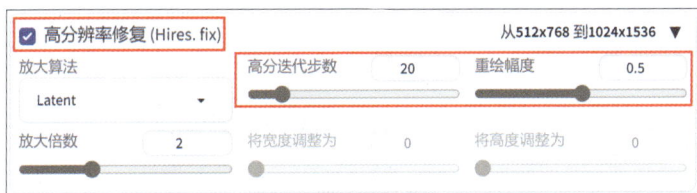

图5-94

（17）设置完成后，绘制的图像效果如图5-95所示。

图5-95

使用图像处理软件将文字图片处理成白底黑字的效果，得到的海报图像效果如图5-96所示。

技巧与提示

图5-96

5.8 课后习题：根据手绘稿来绘制动画场景效果图

AI绘画软件可以根据较为潦草的手绘稿绘制出细节度极高的绘画作品。本习题使用ControlNet绘制一幅动画场景图，图5-97所示为本习题使用的手绘稿及生成的AI图像效果。

图5-97

微课视频

（1）启动Stable Diffusion WebUI界面，在"模型"选项卡中单击"revAnimated_v2Rebirth"，如图5-98所示，将其设置为"Stable Diffusion模型"。

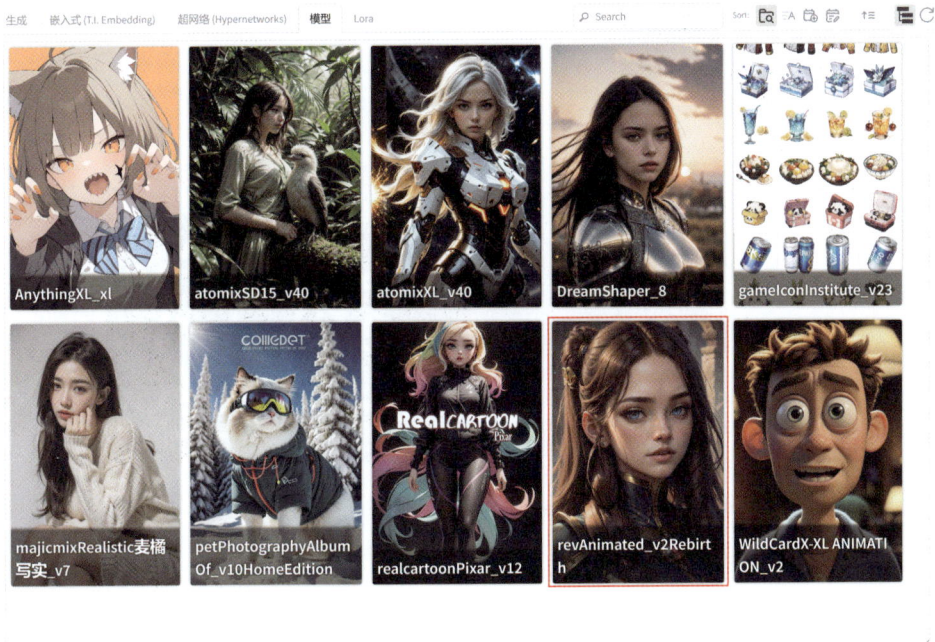

图5-98

（2）在ControlNet v1.1.455卷展栏中的"ControlNet单元0"选项卡中添加一张"房屋.jpg"图片，勾选"启用"和"完美像素模式"，设置"控制类型"为"Scribble（涂鸦）"，"引导终止时机"为0.7，然后单击红色爆炸图案形状的Run preprocessor（运行预处理）按钮，如图5-99所示。

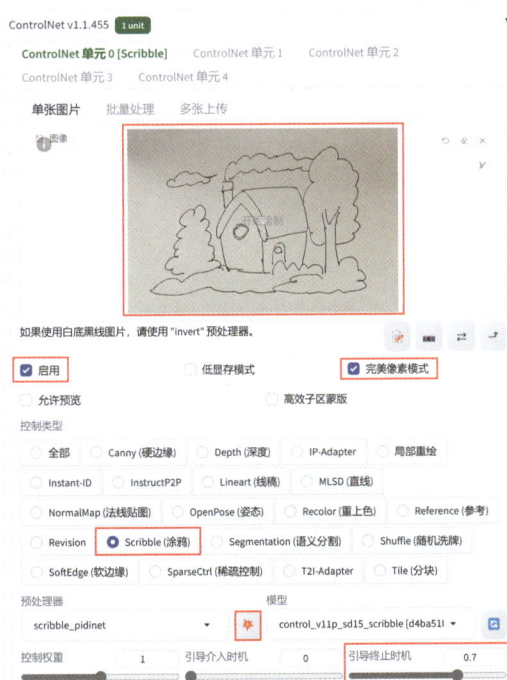

图5-99

（3）经过一段时间的计算，在"单张图片"选项卡中图片的旁边显示计算出来的涂鸦效果图，如图5-100所示。

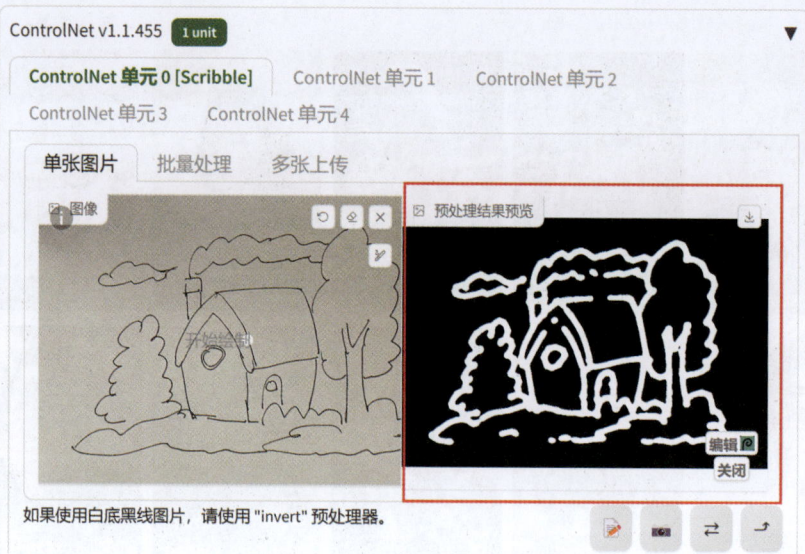

图5-100

（4）在"文生图"选项卡中输入中文提示词："房屋，树，松树，花，天空，云"后，按回车键生成对应的英文："house,tree,pine-tree,flower,sky,cloud,"，如图5-101所示。

图5-101

（5）在"反向词"文本框内输入："低质量，低分辨率，正常质量，最差质量"，按回车键将其翻译为英文："low quality,lowres,normal quality,worst quality,"，并调高这些反向词的权重均为2，如图5-102所示。

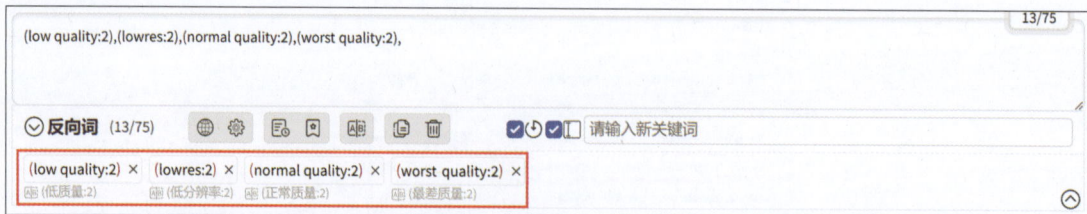

图5-102

（6）在"生成"选项卡中设置"迭代步数（Steps）"为30，设置"宽度"为768，"高度"为512，"总批次数"为2，如图5-103所示。

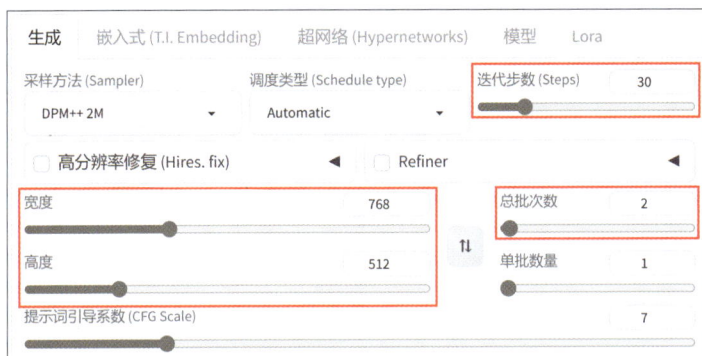

图5-103

（7）勾选"高分辨率修复（Hires.fix）"，设置"高分迭代步数"为20，"重绘幅度"为0.5，如图5-104所示。

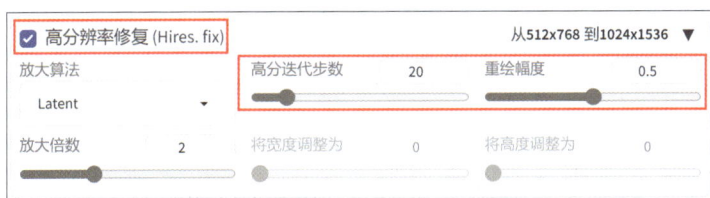

图5-104

（8）单击"生成"按钮，绘制出来的图像效果如图5-105所示。

图5-105

（9）在Lora选项卡中单击"马克笔表现V1.0"，如图5-106所示。

图5-106

（10）设置完成后，可以看到该Lora模型出现在"正向提示词"文本框中，将该Lora模型的权重设置为0.6，如图5-107所示。

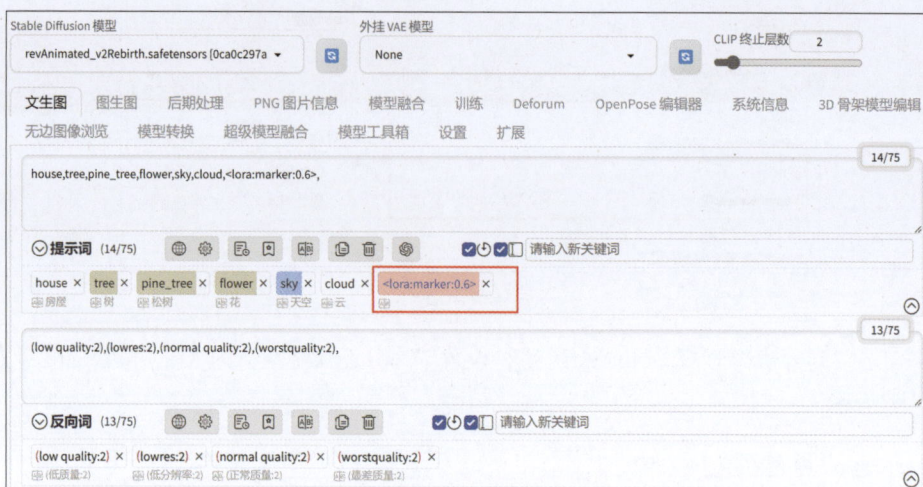

图5-107

（11）重绘图像，绘制出来的图像效果如图5-108所示。

图5-108

第 **6** 章

AI视频生成

本章导读

本章讲解如何在Stable Diffusion中生成AI视频。

学习要点

❖ 了解AI视频相关插件

❖ 使用AnimateDiff生成AI视频

❖ 使用Deforum生成AI视频

❖ 使用SadTalker生成数字人口型动画视频

6.1　AI视频概述

AI视频是指使用人工智能软件以用户提供的提示词、图片或视频为依据，重新绘制生成的短视频。学习了之前的章节，相信读者应该对文生图有了一定的了解。本章就学习如何在Stable Diffusion中通过输入提示词来生成有趣的动画视频。图6-1所示为使用Stable Diffusion生成视频的序列静帧画面。

图6-1

6.2　视频生成插件

常用的视频生成插件有AnimateDiff、Deforum、SadTalker等，在学习实例前，我们先了解这些插件的功能及应用。

6.2.1　AnimateDiff

AnimateDiff是安装在Stable Diffusion软件中的用于生成动画视频的插件，安装方便，功能强大，并且可以与其他插件如ControlNet同时使用。大量的视频剪辑训练使得AnimateDiff可以快速生成一系列的图像序列帧，最终形成高质量的短视频效果。使用AnimateDiff生成动画后，可以保存为MP4视频文件、PNG序列帧文件以及其他多种格式文件，其参数如图6-2所示。

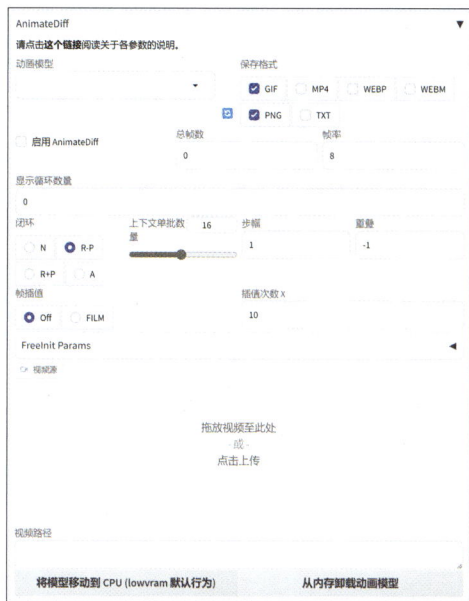

图6-2

读者在使用AnimateDiff插件前先检查Stable Diffusion根目录下的extensions/sd-webui-animatediff/model文件夹内是否有相应的模型文件，如果没有模型文件，则可以在Hugging Face网站下载AnimateDiff模型文件，如图6-3所示，并将模型复制到根目录下的extensions/sd-webui-animatediff/model文件夹内才可以正常使用，如图6-4所示。

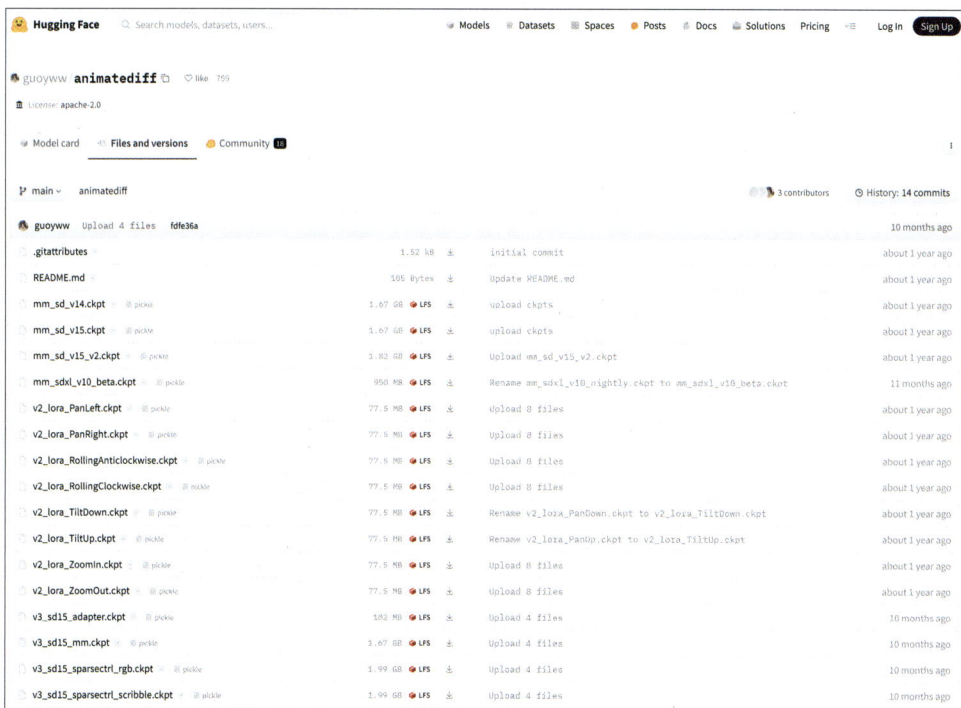

图6-3

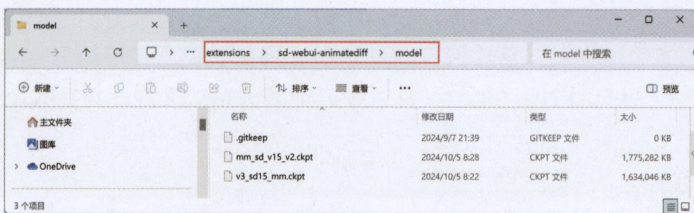

图6-4

> 💡 **技巧与提示**
>
> AnimateDiff动画模型较多，本书实例仅使用了mm_sd_v15_v2.ckpt和v3_sd15_mm.ckpt这两个模型文件，读者可以先下载这两个模型学习本章节中的实例。

6.2.2 Deforum

Deforum是安装在Stable Diffusion软件中用于生成动画视频的插件，安装方便，功能强大，生成的视频可以保存为视频文件，也可以保存为连续的序列帧图像，其参数如图6-5所示。

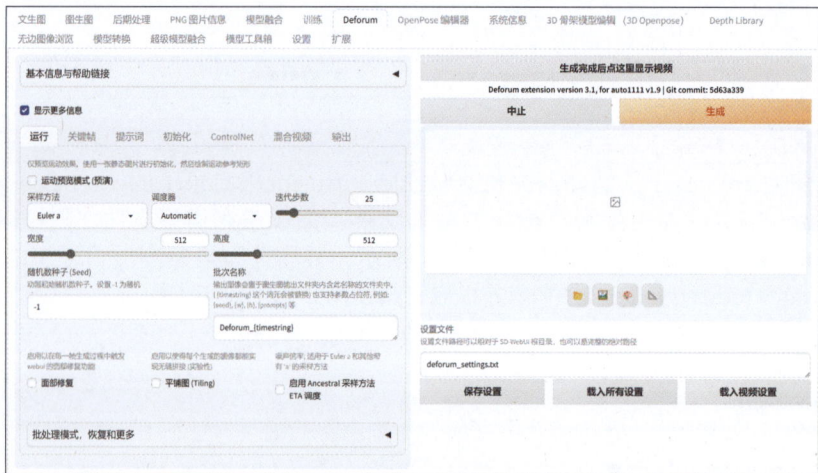

图6-5

Deforum安装完成后，在其"提示词"选项卡中可以看到默认的提示词，如图6-6所示。读者可以直接单击橙色的"生成"按钮，生成一段兔子变形的小动画，如图6-7所示。

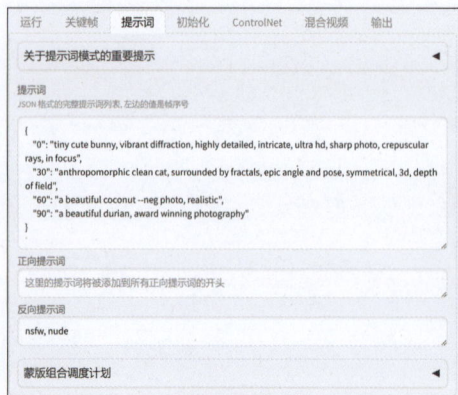

图6-6

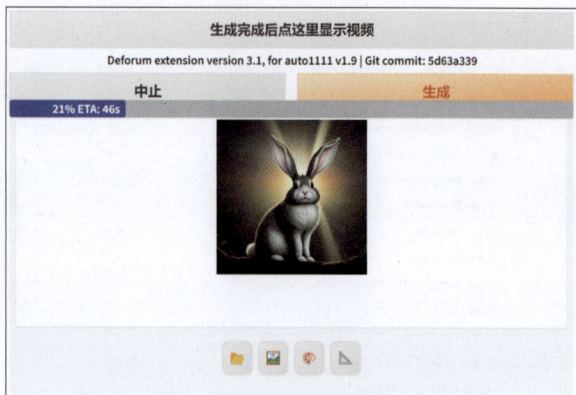

图6-7

Deforum插件相比其他插件参数较多，官方为大多数的参数均提供了说明。在"Deforum"选项卡中展开"基本信息与帮助链接"卷展栏，可看到该插件的基本信息，如图6-8所示。

图6-8

6.2.3 SadTalker

SadTalker是安装在Stable Diffusion软件中用于生成人物口型动画的插件，安装方便，功能强大，用户只需要提供一张人物图片和一段音频，即可快速生成对应的口型动画效果，其参数如图6-9所示。

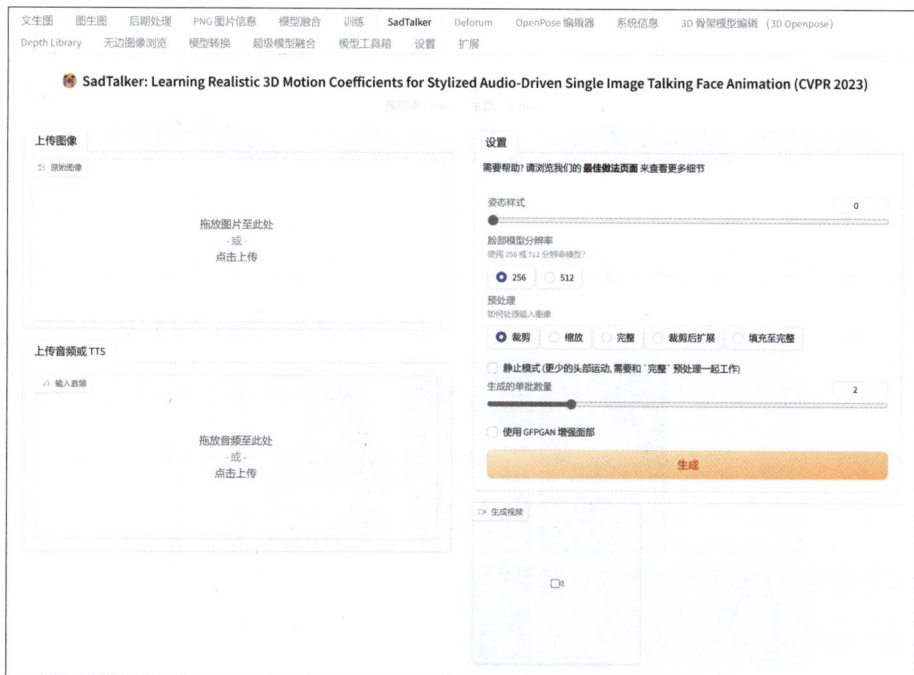

图6-9

安装好该插件后，用户可以在Stable Diffusion根目录下的extensions/SadTalker/examples/driven_audio文件夹内找到一些音频素材，如图6-10所示。

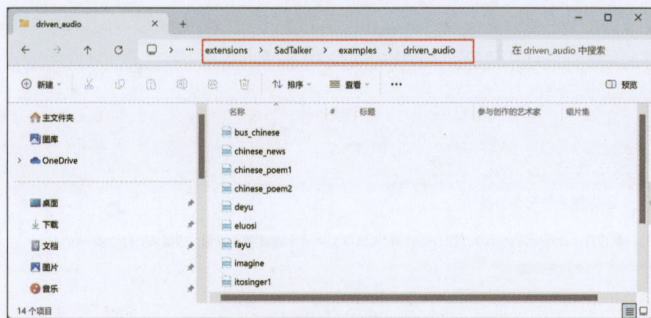

图6-10

6.3 课堂实例：使用AnimateDiff生成角色动画视频

本实例使用AnimateDiff制作人物角色动画视频，图6-11所示为本实例制作的部分动画序列帧。

微课视频

效果视频

图6-11

（1）启动Stable Diffusion WebUI界面，在"模型"选项卡中单击"majicmixRealistic麦橘写实_v7"，如图6-12所示，将其设置为"Stable Diffusion模型"。

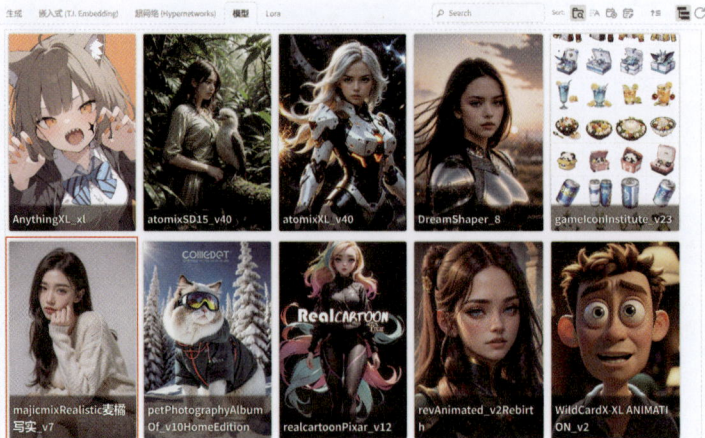

图6-12

（2）在"文生图"选项卡中输入中文提示词："1女孩，黑色头发，马尾辫，微笑，有领衬衫，跑步，花园，阳光"后，按回车键生成对应的英文："1girl,black hair,ponytail,smile,collared-shirt,running,garden,sunshine,"，如图6-13所示。

图6-13

（3）在"反向词"文本框内输入："低质量，低分辨率，正常质量，最差质量，雀斑"，按回车键将其翻译为英文："low quality,lowres,normal quality,worst quality,freckles,"，并调高这些反向词的权重均为1.5，如图6-14所示。

图6-14

（4）在"生成"选项卡中设置"迭代步数（Steps）"为30，"宽度"为512，"高度"为768，如图6-15所示。

（5）在"ADetailer"卷展栏中勾选"ADetailer"，如图6-16所示。

图6-15

图6-16

（6）在"AnimateDiff"卷展栏中设置"动画模型"为mm_sd_v15_v2.ckpt，"保存格式"为GIF、MP4和PNG，勾选"启用AnimateDiff"，设置"总帧数"为16，"闭环"为N，如图6-17所示。

技巧与提示　"帧率"是指1秒内画面的帧数，"总帧数"除以"帧率"为动画的总时长。本实例生成的动画视频时长为2秒。

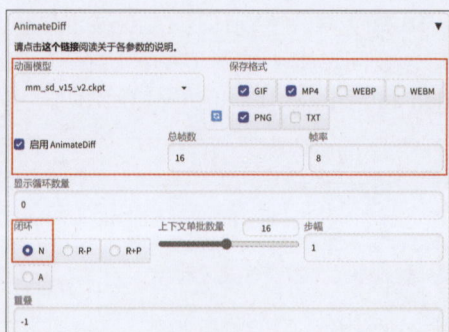

图6-17

（7）设置完成后，单击"生成"按钮，生成的视频效果如图6-18所示。

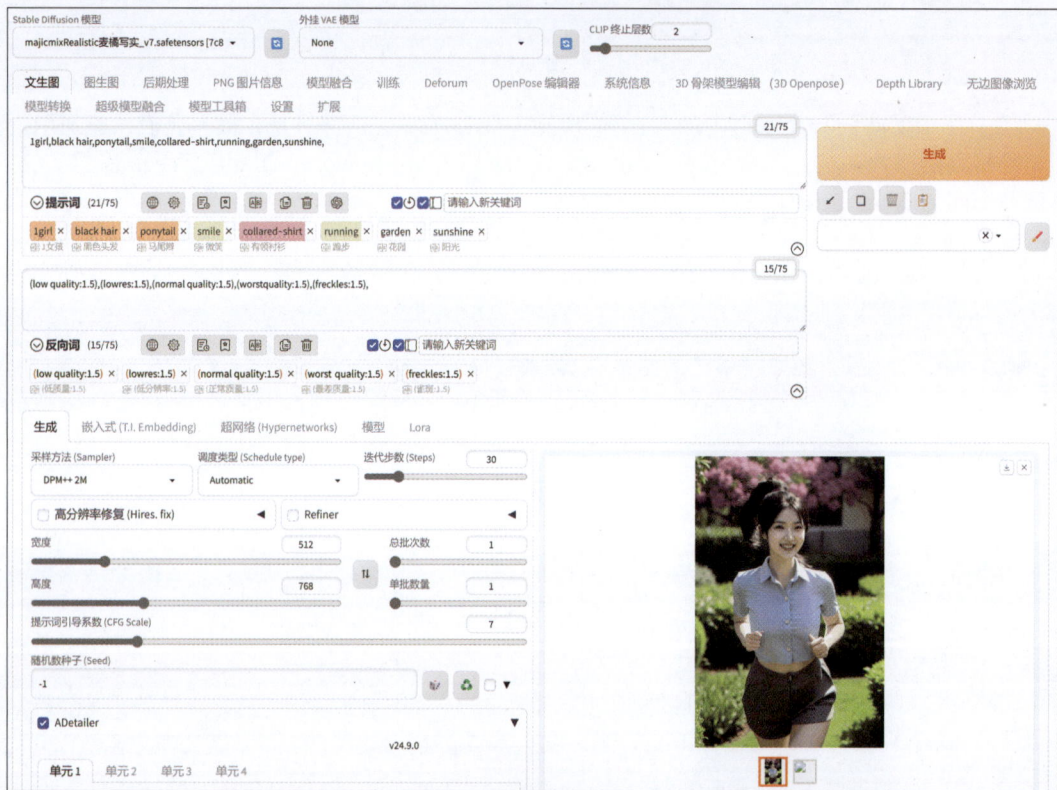

图6-18

（8）在Stable Diffusion根目录下的outputs/txt2img-images/AnimateDiff文件夹中可以找到保存的图像序列帧文件夹、GIF文件、MP4文件，如图6-19所示。

00004-3152192658   00004-3152192658   00004-3152192658

图6-19

6.4 课堂实例：使用AnimateDiff生成关键帧视频

　　本实例在AnimateDiff中通过提示词控制角色的表情来生成关键帧视频效果，图6-20所示为本实例制作的部分动画序列帧。

微课视频

效果视频

图6-20

　　（1）启动Stable Diffusion WebUI界面，在"模型"选项卡中单击"atomixSD15_v40"，如图6-21所示，将其设置为"Stable Diffusion模型"。

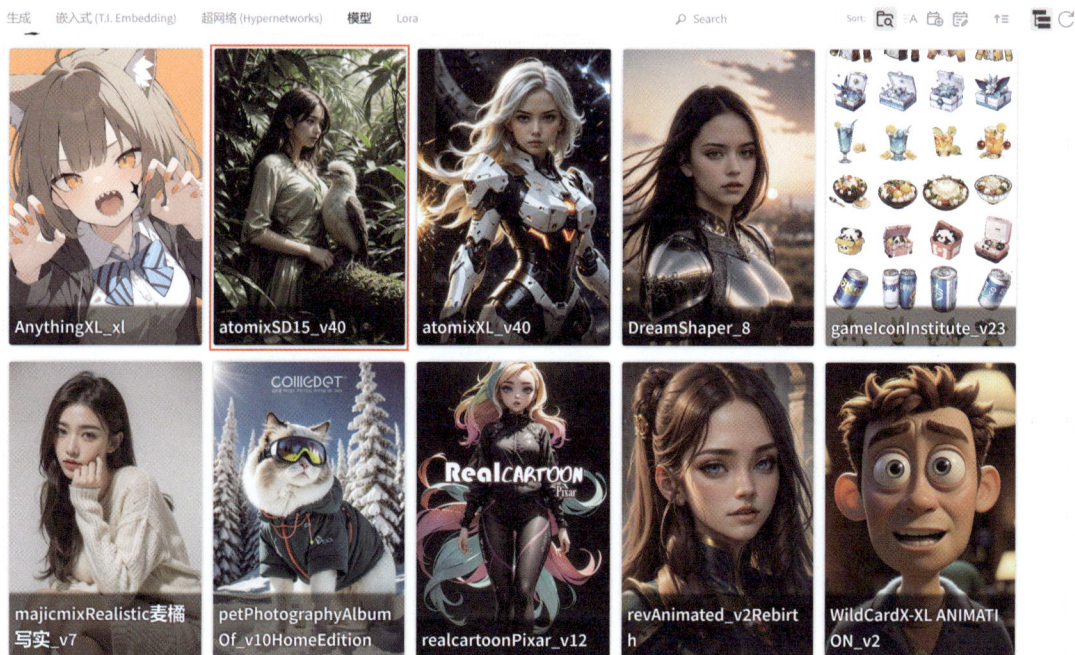

图6-21

　　（2）在"文生图"选项卡中输入中文提示词："1女孩，黑色眼睛，黑色头发，短发，上半身，白色衬衣，红色领带，街道，蓝天，云，0：睁眼睛，8：闭眼睛，16：闭眼睛，24：睁眼睛，微笑"后，按回车键生成对应的英文："1girl,black eyes,black hair,short hair,upper-body,white shirt,red tie,street,blue sky,cloud,0: open your eyes,8: close your eyes,16: close your eyes,24: open your eyes,smile,"，并对其进行分段设置，如图6-22所示。

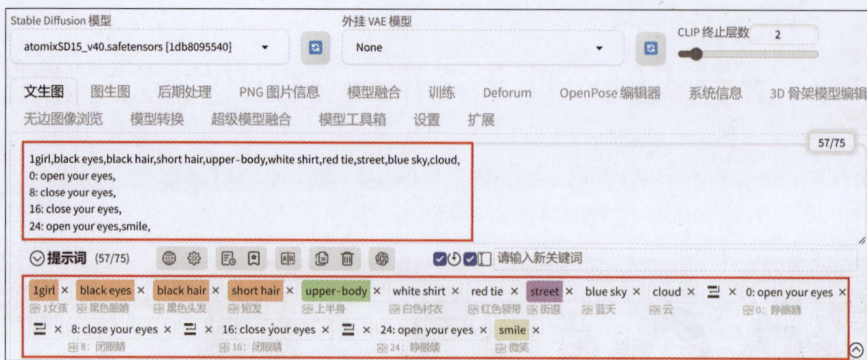

图6-22

（3）在"反向词"文本框内输入："低质量，低分辨率，正常质量，最差质量"，按回车键将其翻译为英文："low quality,lowres,normal quality,worst quality,"，并调高这些反向词的权重均为2，如图6-23所示。

图6-23

（4）在"生成"选项卡中设置"迭代步数（Steps）"为30，"宽度"为512，"高度"为768，如图6-24所示。

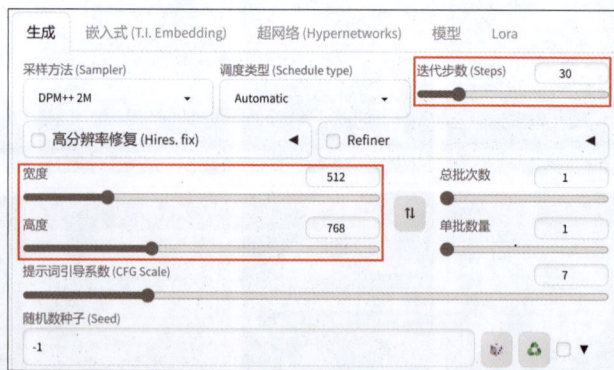

图6-24

（5）在"ADetailer"卷展栏中勾选"ADetailer"，如图6-25所示。

图6-25

（6）在"AnimateDiff"卷展栏中设置"动画模型"为mm_sd_v15_v2.ckpt，"保存格式"为GIF、MP4和PNG，勾选"启用AnimateDiff"，设置"总帧数"为16，"闭环"为N，如图6-26所示。

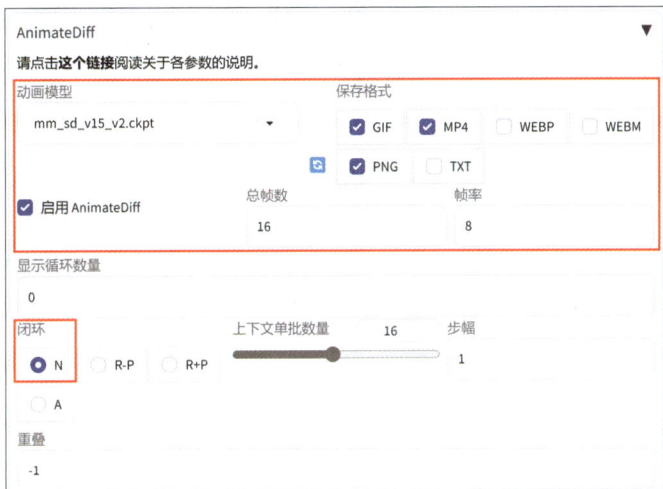

图6-26

（7）设置完成后，单击"生成"按钮，生成的视频效果如图6-27所示。

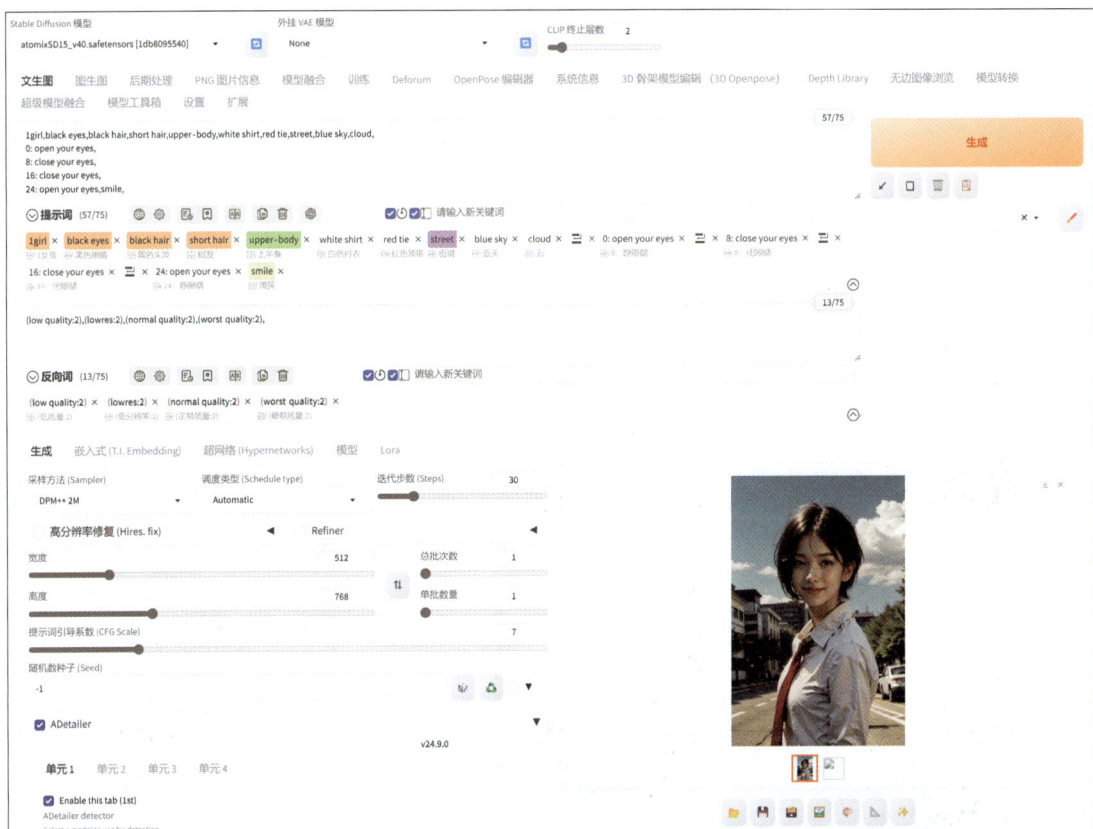

图6-27

（8）在Stable Diffusion根目录下的outputs/txt2img-images/AnimateDiff文件夹中可以找到保存的图像序列帧文件夹、GIF文件、MP4文件，如图6-28所示。

00021-1076733256   00021-1076733256   00021-1076733256

图6-28

使用AnimateDiff生成视频的时长如超过2秒，则较易得到由两段视频拼接的动画视频效果。

6.5 课堂实例：使用Deforum制作场景变换视频

本实例在Deforum中通过提示词来生成场景变换视频效果，图6-29所示为本实例制作的部分动画序列帧。

微课视频

效果视频

图6-29

（1）启动Stable Diffusion WebUI界面，在"模型"选项卡中单击"revAnimated_v2Rebirth"，如图6-30所示，将其设置为"Stable Diffusion模型"。

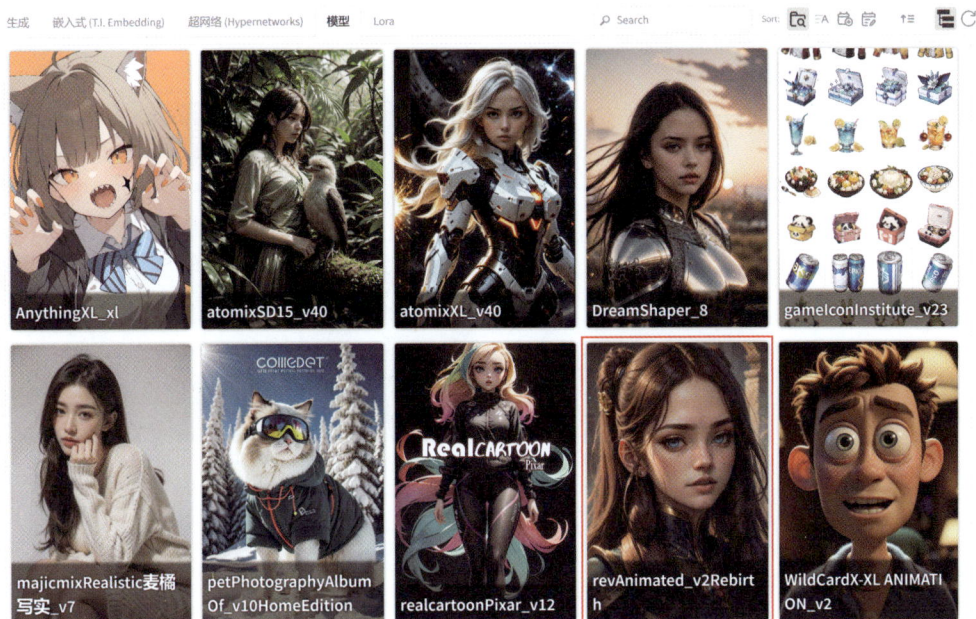

图6-30

（2）在"文生图"选项卡中输入中文提示词："房屋，草地，树，花园，围栏，蓝天，云"后，按回车键生成对应的英文："house，in a meadow，tree，garden，fence，blue sky，cloud，"，如图6-31所示。

图6-31

（3）在"反向词"文本框内输入："低质量，低分辨率，正常质量，最差质量"，按回车键将其翻译为英文："low quality，lowres，normal quality，worst quality，"，并调高这些反向词的权重均为2，如图6-32所示。

图6-32

（4）在"生成"选项卡中设置"迭代步数（Steps）"为30，设置"宽度"为768，"高度"为512，如图6-33所示。

（5）设置完成后，绘制出来的图像效果如图6-34所示，可以看到图像的效果基本符合之前输入的提示词。

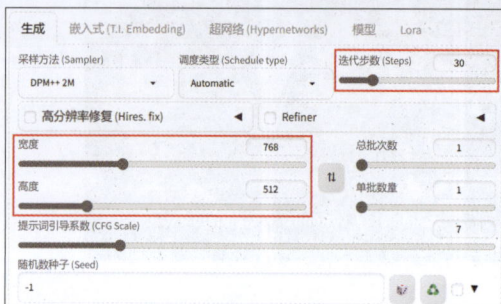

图6-33

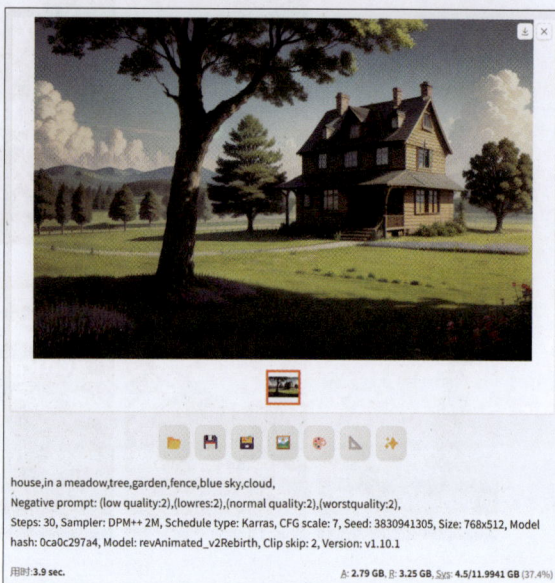

house,in a meadow,tree,garden,fence,blue sky,cloud,
Negative prompt: (low quality:2),(lowres:2),(normal quality:2),(worstquality:2),
Steps: 30, Sampler: DPM++ 2M, Schedule type: Karras, CFG scale: 7, Seed: 3830941305, Size: 768x512, Model hash: 0ca0c297a4, Model: revAnimated_v2Rebirth, Clip skip: 2, Version: v1.10.1

用时:3.9 sec.

图6-34

（6）在"提示词"选项卡中，将生成该画面的正向英文提示词复制粘贴至"提示词"文本框中图6-35所示位置处，使得在第0帧位置处，视频动画为一个有房屋的场景。

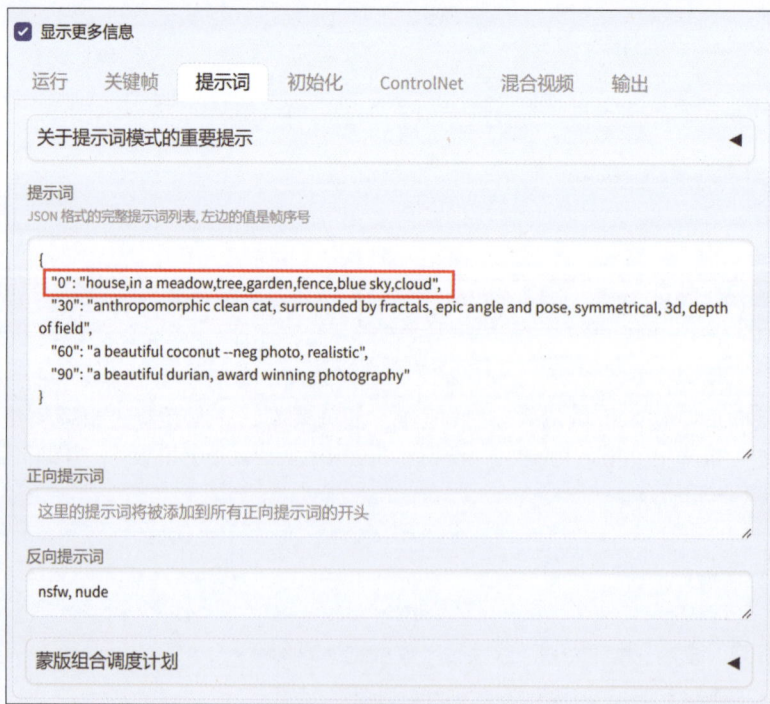

图6-35

（7）在"文生图"选项卡中删除之前的提示词，重新输入中文提示词："城市，街道，树，花，汽车，蓝天，云"后，按回车键生成对应的英文："city,street,tree,flower,car,blue sky,cloud,"，如图6-36所示。

图6-36

（8）设置完成后，绘制的图像效果如图6-37所示，可以看到这些图像的效果基本符合之前输入的提示词，这样就对视频动画里后来出现的街道场景效果有了大概的了解。

图6-37

（9）在"提示词"选项卡中，将生成该画面的正向英文提示词复制粘贴至"提示词"文本框中图6-38所示位置处，使得在第60帧位置处，视频动画为一个有汽车的街道场景。

（10）在"提示词"选项卡中，将"文生图"选项卡中的英文反向提示词复制粘贴至"反向提示词"文本框中，如图6-39所示。

图6-38

图6-39

（11）在"运行"选项卡中设置"迭代步数"为30，"宽度"为768，"高度"为512，如图6-40所示。

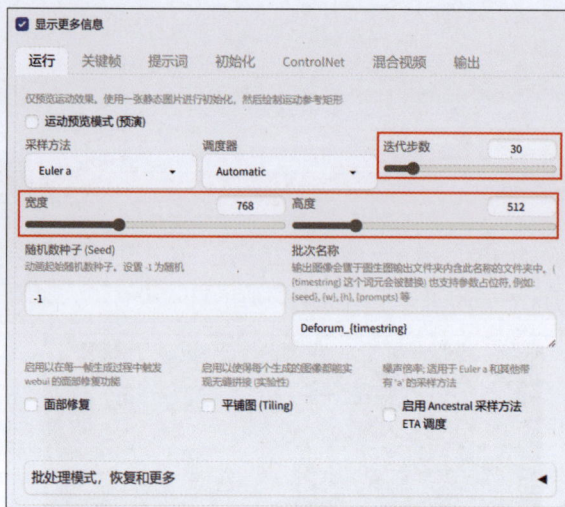

图6-40

（12）在"关键帧"选项卡中设置"边界处理模式"为"覆盖"，如图6-41所示。

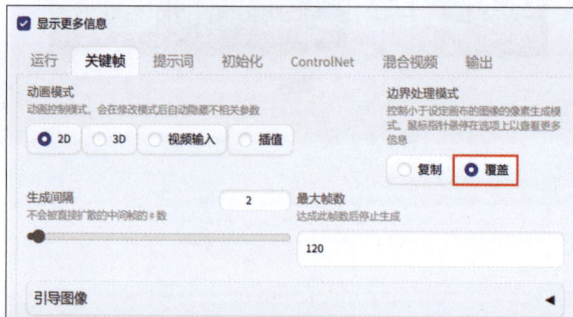

图6-41

（13）在"运动"选项卡中设置"平移X"为"0：(2)"，如图6-42所示。

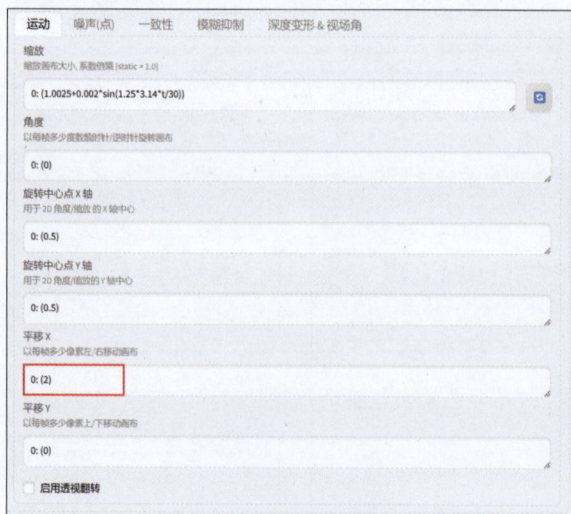

图6-42

（14）单击"生成"按钮，开始根据输入的提示词来生成视频动画，如图6-43所示。

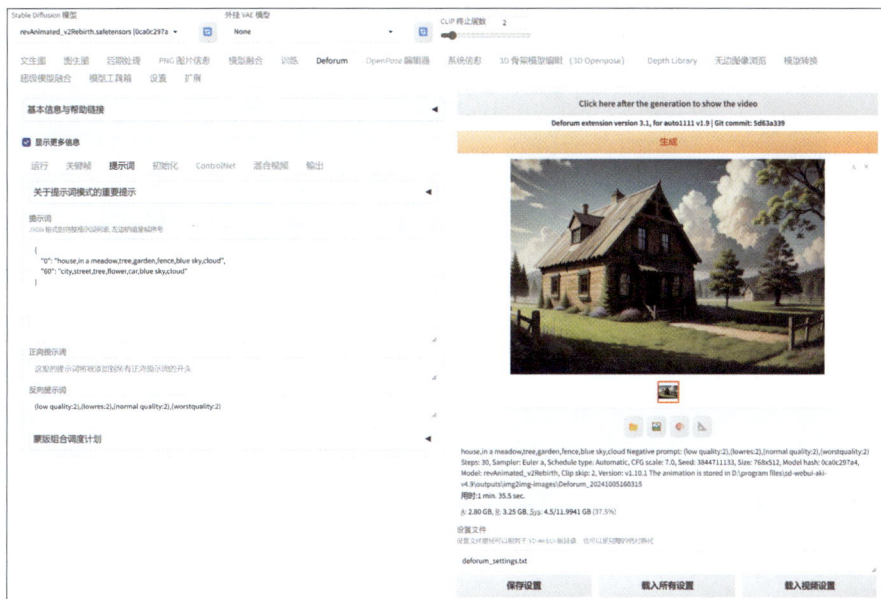

图6-43

（15）本实例生成的动画视频效果如图6-44所示。

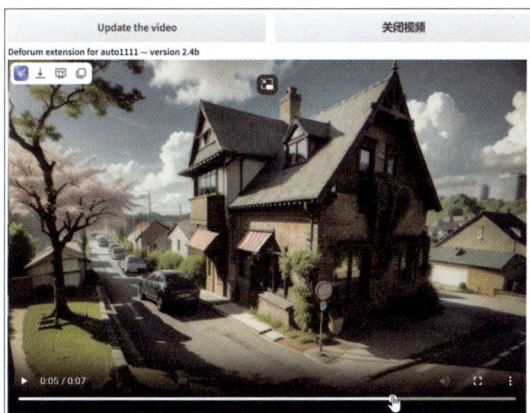

图6-44

💡 技巧与提示　使用Deforum可以制作出时光穿梭、瞬息万变的场景动画效果。

6.6 课堂实例：使用Deforum制作照片AI视频

本实例在Deforum中使用一张照片来生成AI视频效果，图6-45所示为本实例制作的部分动画序列帧。

微课视频 　效果视频

图6-45

（1）启动Stable Diffusion WebUI界面，在"模型"选项卡中单击"revAnimated_v2Rebirth"，如图6-46所示，将其设置为"Stable Diffusion模型"。

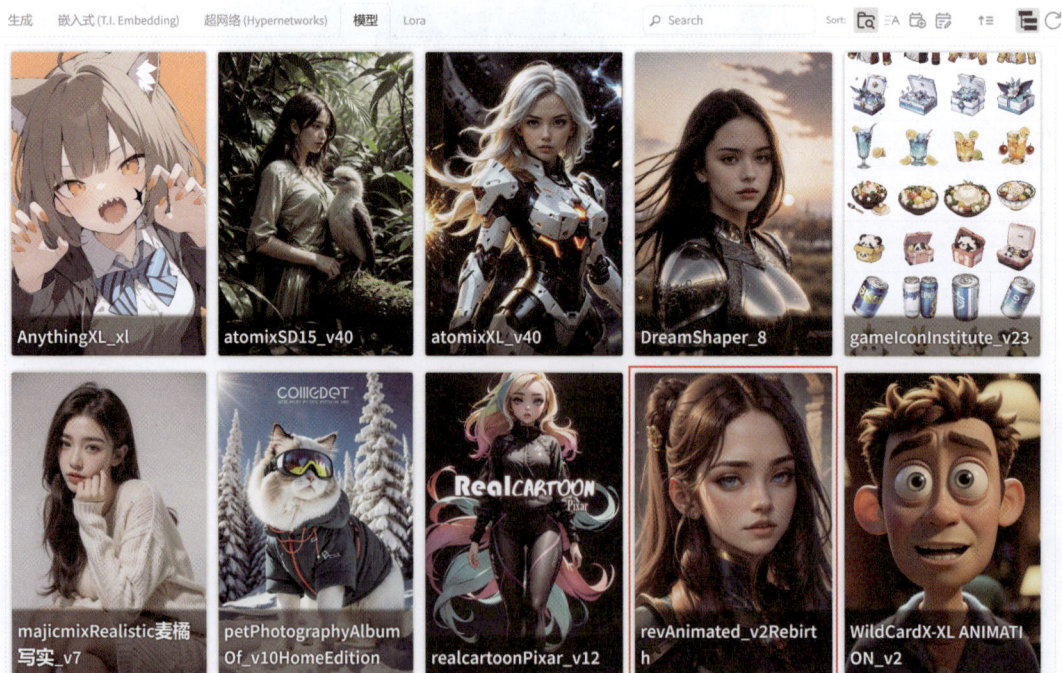

图6-46

（2）在"初始化"选项卡中勾选"启用初始化"，在"初始化图像输入框"内上传一张"白色汽车.jpg"照片，使其作为该视频动画的第1帧，如图6-47所示。

图6-47

（3）在"文生图"选项卡中输入中文提示词："白色汽车，公路，树，蓝天"后，按回车键生成对应的英文："white car，highway，tree，blue sky，"，如图6-48所示。

图6-48

💡 **技巧与提示** 这段提示词是对上传照片的描述，用于控制视频动画的初始显示内容。

（4）在"反向词"文本框内输入："低质量，低分辨率，正常质量，最差质量"，按回车键将其翻译为英文："low quality，lowres，normal quality，worst quality，"，并调高这些反向词的权重均为2，如图6-49所示。

图6-49

（5）在"提示词"选项卡中将刚刚翻译过来的正向英文提示词复制粘贴至"提示词"文本框中图6-50所示位置处。

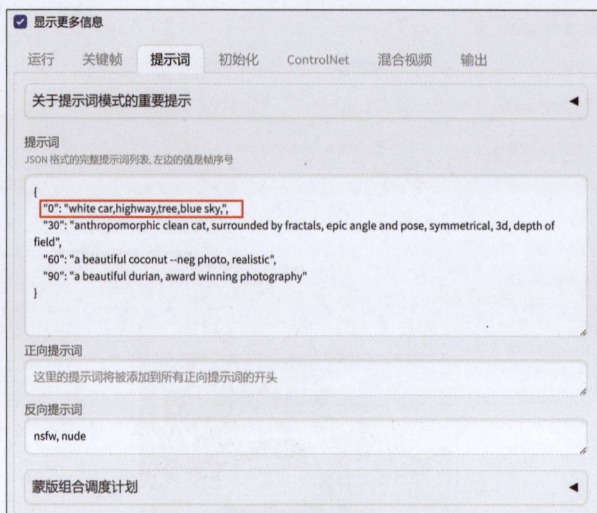

图6-50

（6）在"文生图"选项卡中删除之前的提示词，重新输入中文提示词："城市，街道，树，花，汽车，夜晚，霓虹灯"后，按回车键生成对应的英文："city，street，tree，flower，car，night，neon lights，"，并增加提示词"夜晚"的权重为2，如图6-51所示。

图6-51

（7）在"提示词"选项卡中，将生成该画面的正向英文提示词复制粘贴至"提示词"文本框中图6-52所示位置处，使得在第60帧位置处，视频动画为一个晚上的街道场景。

（8）在"提示词"选项卡中，将"文生图"选项卡中的英文反向提示词复制粘贴至"反向提示词"文本框中，如图6-53所示。

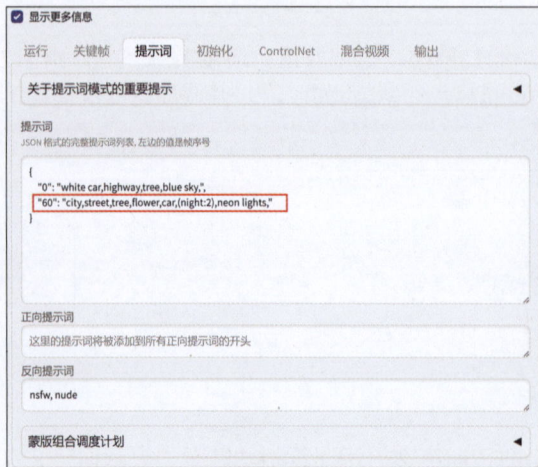

图6-52

图6-53

Stable Diffusion AIGC绘画与视频生成基础教程（微课版）

（9）在"运行"选项卡中设置"迭代步数"为30，"宽度"为768，"高度"为512，如图6-54所示。

图6-54

（10）在"关键帧"选项卡中设置"边界处理模式"为"覆盖"，如图6-55所示。

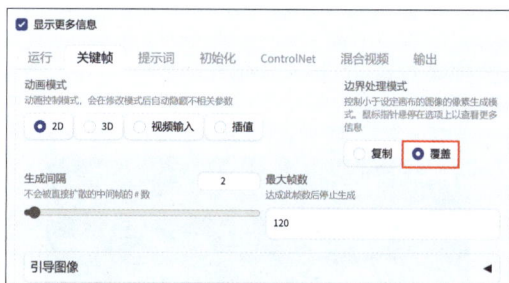

图6-55

（11）在"运动"选项卡中设置"平移X"为"0：（-3）"，如图6-56所示。

图6-56

（12）单击"生成"按钮，开始根据输入的提示词来生成视频动画，如图6-57所示。

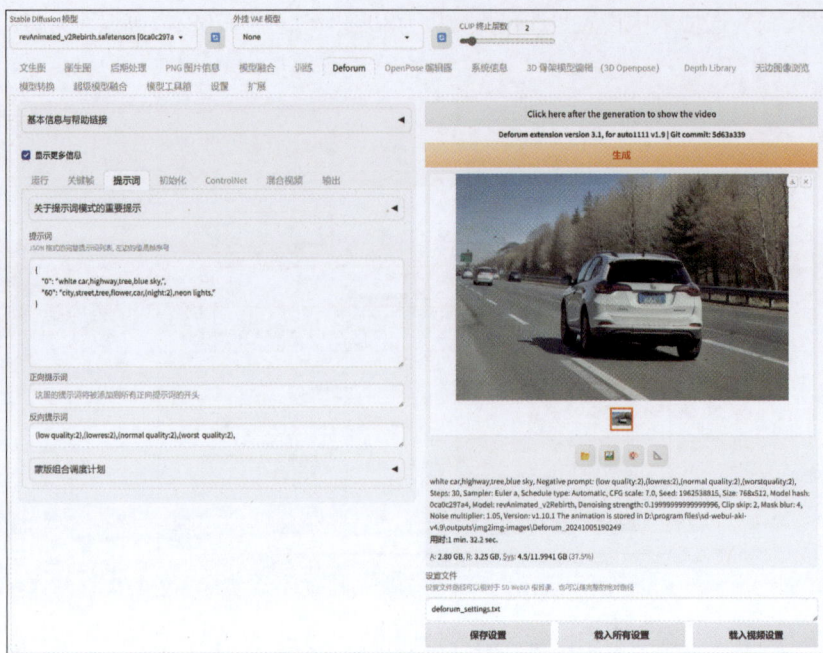

图6-57

（13）本实例生成的动画视频效果如图6-58所示。

图6-58

图6-59

6.7 课后习题：使用SadTalker制作数字人口型视频

本习题在SadTalker中使用一张人物图片来生成口型动画视频效果，常常应用于一些数字人相关项目。图6-60所示为本实例使用的图片及制作的口型动画效果。

微课视频

效果视频

图6-60

（1）启动Stable Diffusion WebUI界面，在SadTalker选项卡中上传一张"微笑女生.png"图片文件，再上传一段音频文件，如图6-61所示。

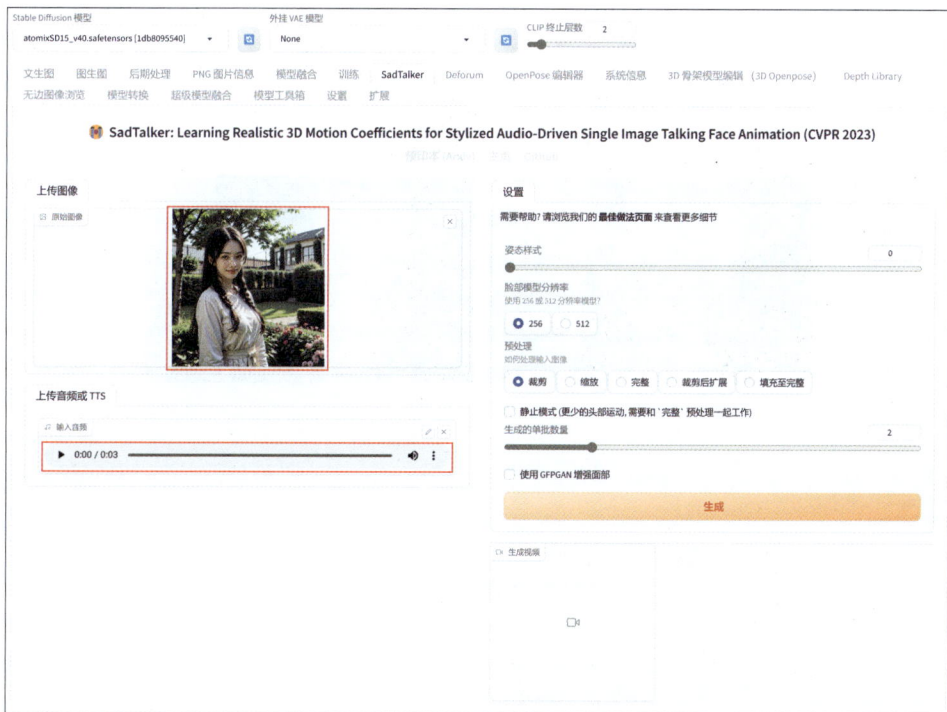

图6-61

技巧与提示　本习题使用的音频文件为SadTalker插件自带的素材，读者可以在根目录下的extensions/SadTalker/examples/driven_audio文件夹内找到。此外，该习题不必设置Stable Diffusion模型。

（2）单击"生成"按钮，即可得到角色的口型动画。如图6-62所示，可以看到生成的视频对原图进行了一些裁剪。

（3）勾选"使用GFPGAN增强面部"，再次单击"生成"按钮，如图6-63所示。

图6-62

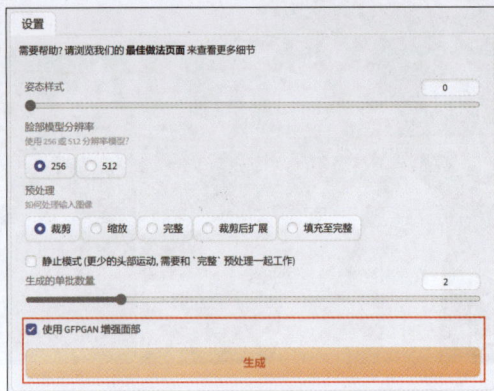

图6-63

（4）对比之前的动画效果，可以看到角色的面容质量有一定的提升效果，画面看起来更加清晰，如图6-64所示。

图6-64

（5）在"设置"选项卡中设置"脸部模型分辨率"为512，"预处理"为"填充至完整"，如图6-65所示。

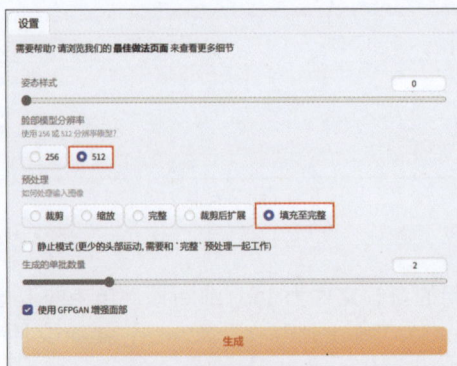

图6-65

（6）再次单击"生成"按钮，本习题最终得到的角色口型动画效果如图6-66所示。

图6-66

第 7 章 综合实例

本章导读

本章讲解Stable Diffusion的综合运用。

学习要点

❖ 使用Stable Diffusion生成文字海报

❖ 使用Stable Diffusion生成游戏场景

❖ 使用Stable Diffusion生成建筑效果图

❖ 使用Stable Diffusion生成Logo变形动画

7.1　综合实例：绘制文字海报

本实例在Stable Diffusion中使用多个Lora模型制作文字海报效果。图7-1所示为本实例使用的文字图片及制作的海报效果。

图7-1

（1）启动Stable Diffusion WebUI界面，在"模型"选项卡中单击"revAnimated_v2Rebirth"，如图7-2所示，将其设置为"Stable Diffusion模型"。

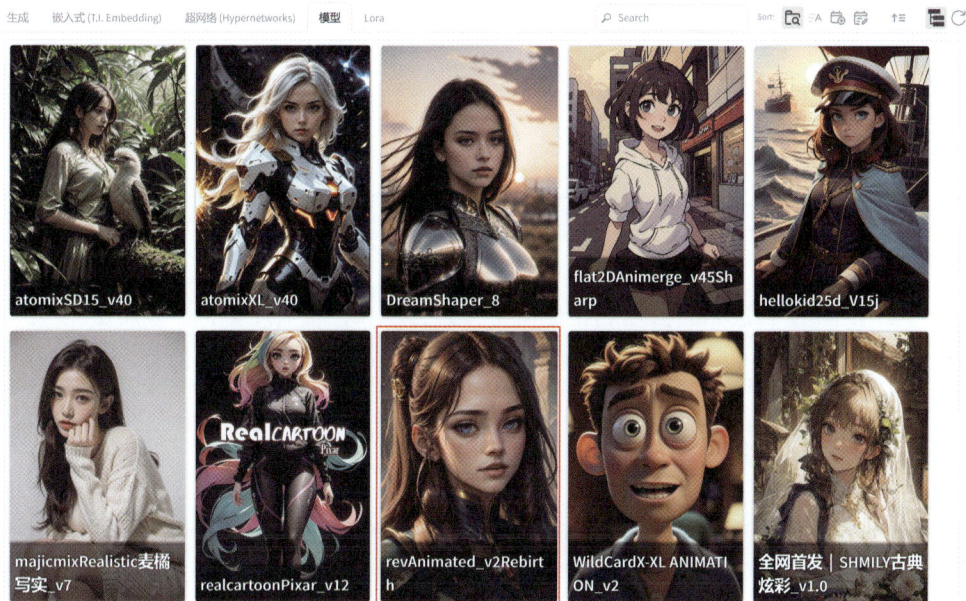

图7-2

（2）在"文生图"选项卡中输入中文提示词："中国风格建筑，塔，桥，树，花，山脉，水，瀑布，云"后，按回车键生成对应的英文："Chinese style architecture,tower,bridge,tree,flower,mountain,water,waterfall,cloud,"，如图7-3所示。

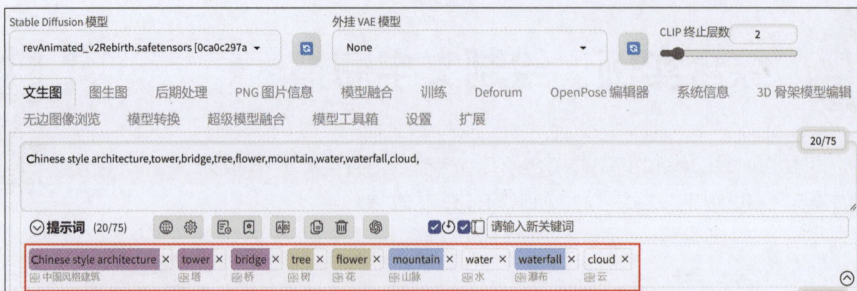

图7-3

（3）在Lora选项卡中单击"国画山水_v1.0"，如图7-4所示。

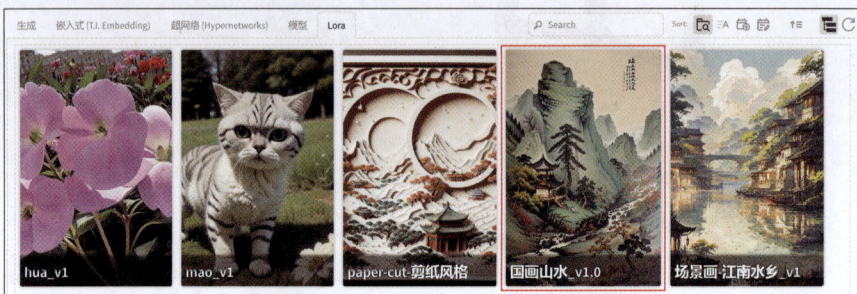

图7-4

（4）设置完成后，可以看到该Lora模型出现在"正向提示词"文本框中，将该Lora模型的权重设置为0.7，如图7-5所示。

图7-5

（5）在"反向词"文本框内输入："低质量，低分辨率，正常质量，最差质量"，按回车键将其翻译为英文："low quality,lowres,normal quality,worst quality,"，并调高这些反向词的权重均为2，如图7-6所示。

图7-6

（6）在"ControlNet单元0"选项卡中添加一张"山水.png"图片，勾选"启用"和"完美像素模式"，设置"控制类型"为"Canny（硬边缘）"，然后单击红色爆炸图案形状的Run preprocessor（运行预处理）按钮，如图7-7所示。

图7-7

（7）经过一段时间的计算，在"单张图片"选项卡中图片的旁边显示计算出来的硬边缘图，如图7-8所示。

图7-8

（8）在"ControlNet单元1"选项卡中添加一张"山水.png"图片，勾选"启用"和"完美像素模式"，设置"控制类型"为"Depth（深度）"，"控制权重"为0.45，然后单击红色爆炸图案形状的Run preprocessor（运行预处理）按钮，如图7-9所示。

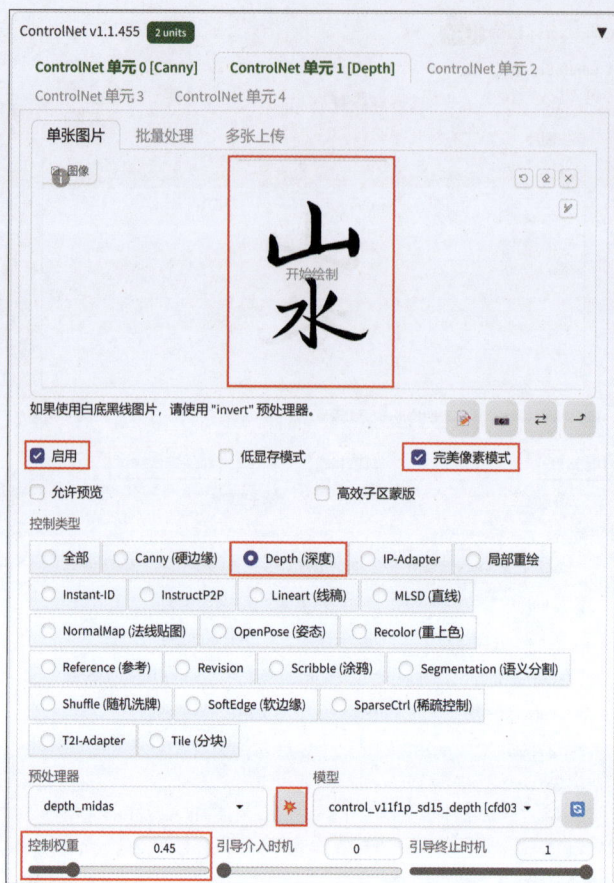

图7-9

（9）经过一段时间的计算，在"单张图片"选项卡中图片的旁边显示计算出来的深度图，如图7-10所示。

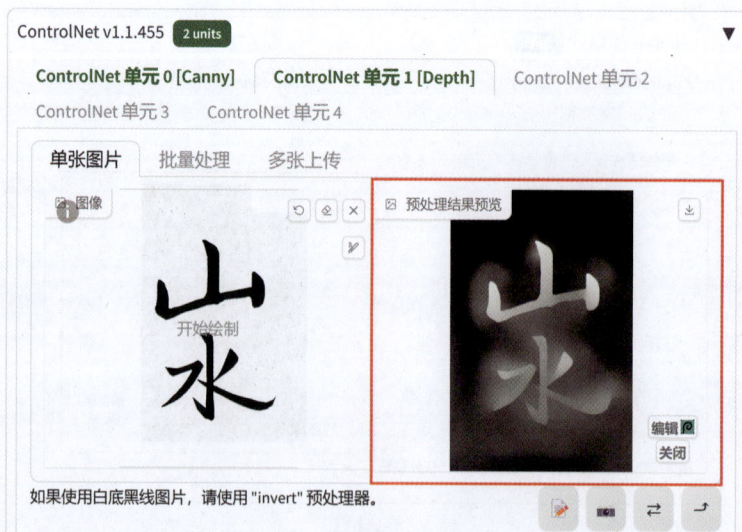

图7-10

（10）在"生成"选项卡中设置"迭代步数（Steps）"为25，设置"宽度"为512，"高度"为768，"总批次数"为2，如图7-11所示。

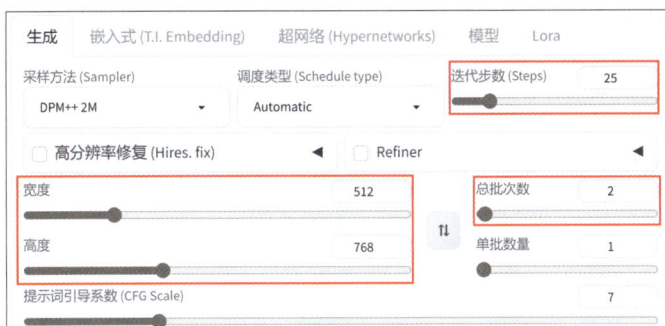

图7-11

（11）勾选"高分辨率修复（Hires.fix）"，设置"高分迭代步数"为20，"重绘幅度"为0.7，如图7-12所示。

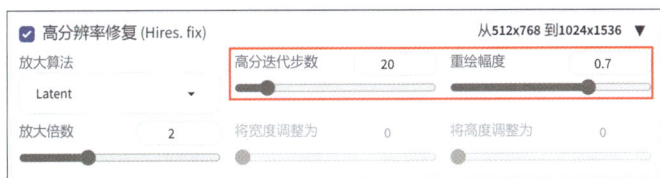

图7-12

（12）设置完成后，单击"生成"按钮，绘制出来的图像效果如图7-13所示。

图7-13

（13）在Lora选项卡中单击"场景画-江南水乡_v1"，如图7-14所示。

图7-14

（14）设置完成后，可以看到该Lora模型出现在"正向提示词"文本框中，将该Lora模型的权重设置为0.3，如图7-15所示。

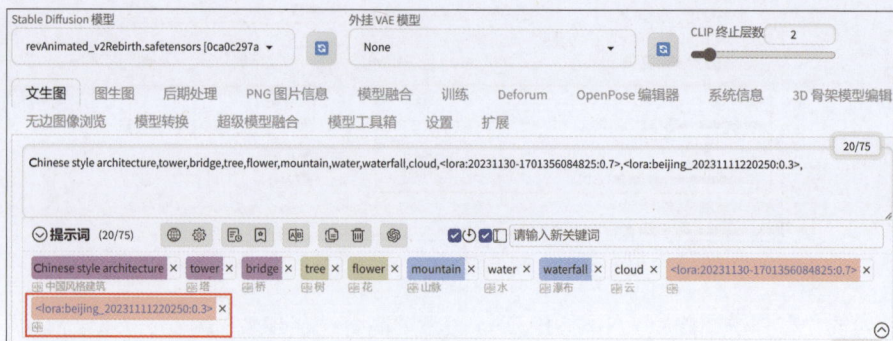

图7-15

（15）设置完成后，重绘图像，绘制出来的图像效果如图7-16所示。

图7-16

（16）在"提示词"文本框内补充中文提示词："白颜色"，翻译为英文为："white color"，并提高其权重为1.5，如图7-17所示。

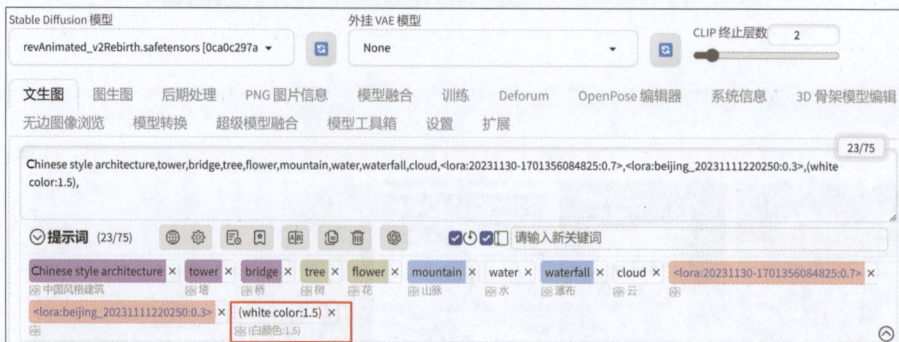

图7-17

（17）在"反向词"文本框内补充中文提示词："文字，签名"，翻译为英文为："text，signature"，并提高其权重为2，如图7-18所示。

图7-18

💡 **技巧与提示** 添加了反向词"文字，签名"后，可以极大降低海报中出现文字图案的几率。

（18）设置完成后，再次重绘图像，本实例最终绘制出来的图像效果如图7-19所示。

图7-19

7.2 综合实例：绘制像素风格游戏场景

本实例在Stable Diffusion中使用多个Lora模型制作像素风格游戏场景效果。图7-20所示为本实例绘制的游戏场景效果。

图7-20

微课视频

（1）启动Stable Diffusion WebUI界面，在"模型"选项卡中单击"realcartoonPixar_v12"，如图7-21所示，将其设置为"Stable Diffusion模型"。

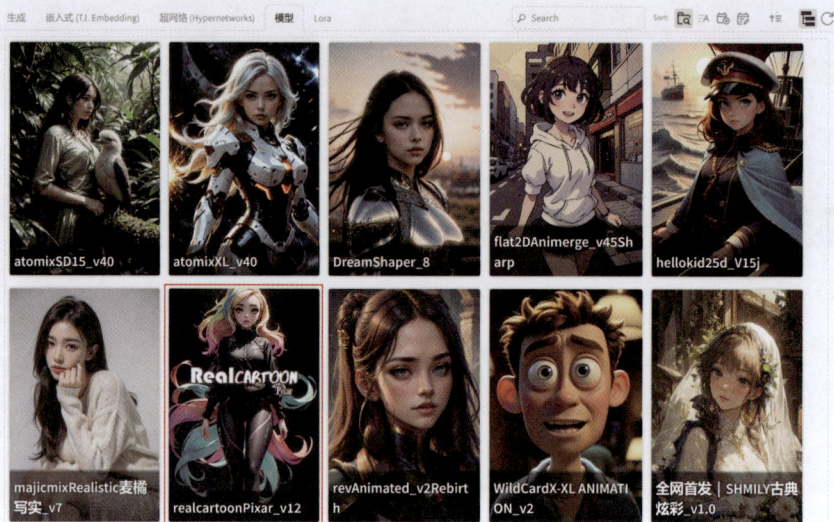

图7-21

（2）在"文生图"选项卡中输入中文提示词："游戏场景，像素风格，中国风格建筑，房屋，树，桥，湖，路，街道，俯视角度"后，按回车键生成对应的英文："game scene,pixel style,Chinese style architecture,house,tree,bridge,lake,road,street,top view angle"，如图7-22所示。

图7-22

（3）在"反向词"文本框内输入："低质量，低分辨率，正常质量，最差质量"，按回车键将其翻译为英文："low quality,lowres,normal quality,worst quality,"，并调高这些反向词的权重均为2，如图7-23所示。

图7-23

（4）在"生成"选项卡中设置"迭代步数（Steps）"为25，设置"宽度"为512，"高度"为768，"总批次数"为2，如图7-24所示。

图7-24

（5）勾选"高分辨率修复（Hires.fix）"，设置"高分迭代步数"为20，"重绘幅度"为0.5，如图7-25所示。

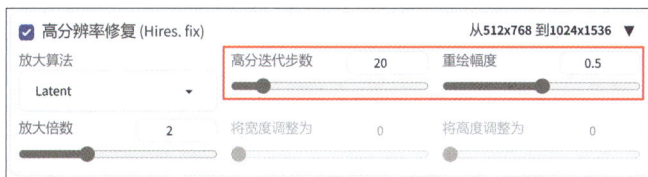

图7-25

（6）设置完成后，单击"生成"按钮，绘制出的图像效果如图7-26所示。

图7-26

（7）在Lora选项卡中单击"古风沙盒城镇_国风城镇建筑1.0"，如图7-27所示。

图7-27

（8）设置完成后，可以看到该Lora模型出现在"正向提示词"文本框中，将该Lora模型的权重设置为0.6，如图7-28所示。

图7-28

（9）重绘图像，绘制出来的图像效果如图7-29所示，可以看出画面风格发生了变化，且画面的色彩饱和度较高。

图7-29

（10）设置"外挂VAE模型"为animevae.pt，如图7-30所示。

图7-30

（11）重绘图像，绘制的图像效果如图7-31所示，可以看出画面的色彩饱和度降低了一些。

图7-31

（12）在Lora选项卡中单击"HEZI_竖版像素游戏风格"，如图7-32所示。

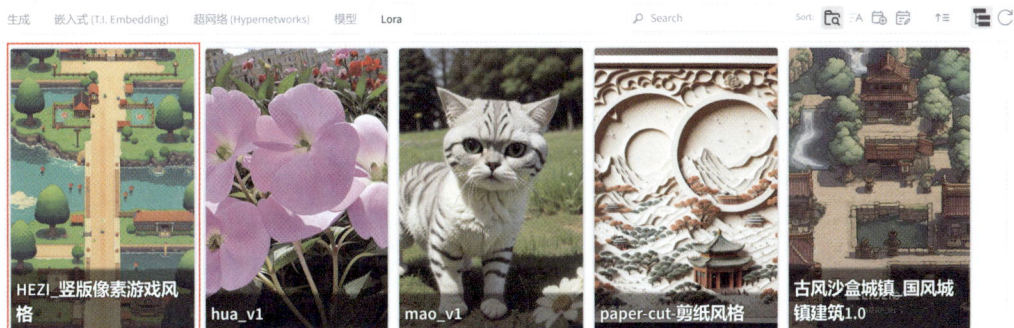

图7-32

（13）设置完成后，可以看到该Lora模型出现在"正向提示词"文本框中，将该Lora模型的权重设置为0.6，如图7-33所示。

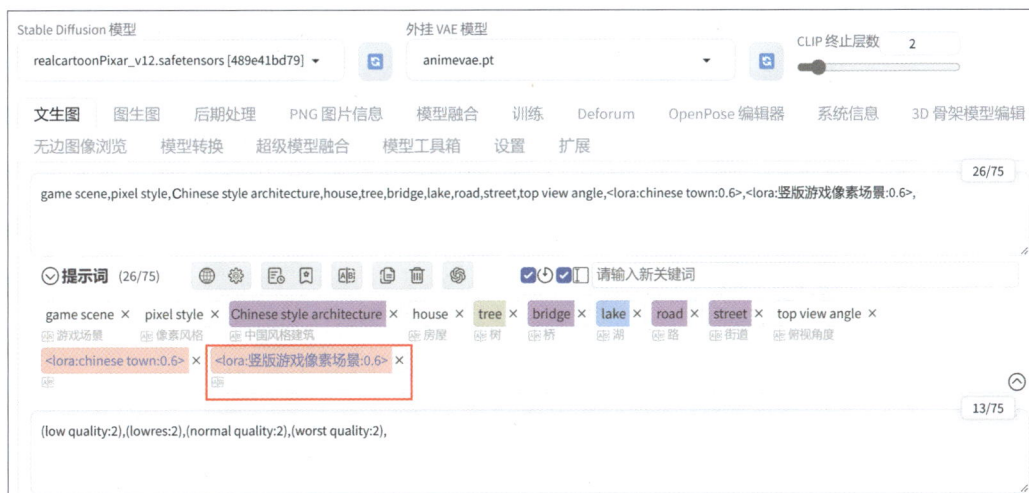

图7-33

（14）重绘图像，绘制出来的图像效果如图7-34所示。

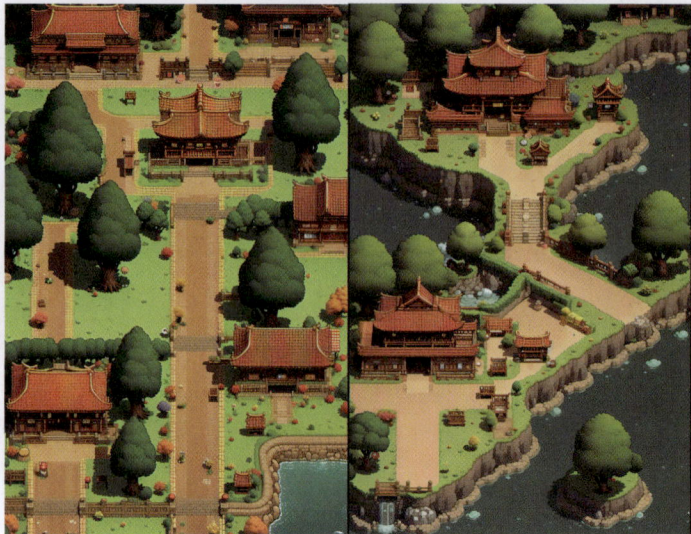

图7-34

（15）在"提示词"文本框内补充中文提示词："灰度"，翻译为英文为："grayscale"，如图7-35所示。

图7-35

（16）重绘图像，本实例最终绘制出来的图像效果如图7-36所示。

图7-36

7.3　综合实例：绘制建筑效果图

微课视频

本实例在Stable Diffusion中使用线稿来绘制建筑效果图，图7-37所示为本实例使用的设计草稿及绘制出来的建筑效果。

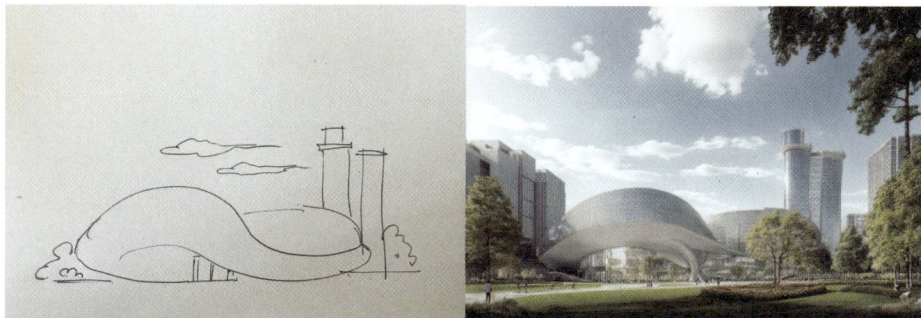

图7-37

（1）启动Stable Diffusion WebUI界面，在"模型"选项卡中单击"ArchitectureRealMix_v1"，如图7-38所示，将其设置为"Stable Diffusion模型"。

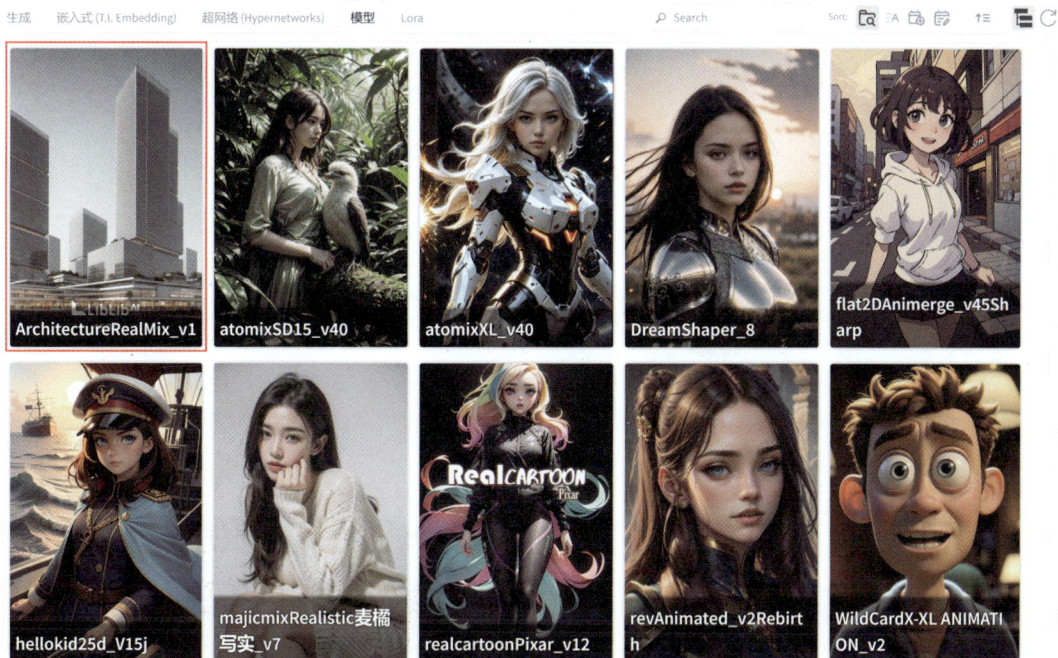

图7-38

（2）在"ControlNet单元0"选项卡中添加一张"建筑草稿.png"图片，勾选"启用"和"完美像素模式"，设置"控制类型"为"Lineart（线稿）"，"控制权重"为0.65，然后单击红色爆炸图案形状的Run preprocessor（运行预处理）按钮，如图7-39所示。

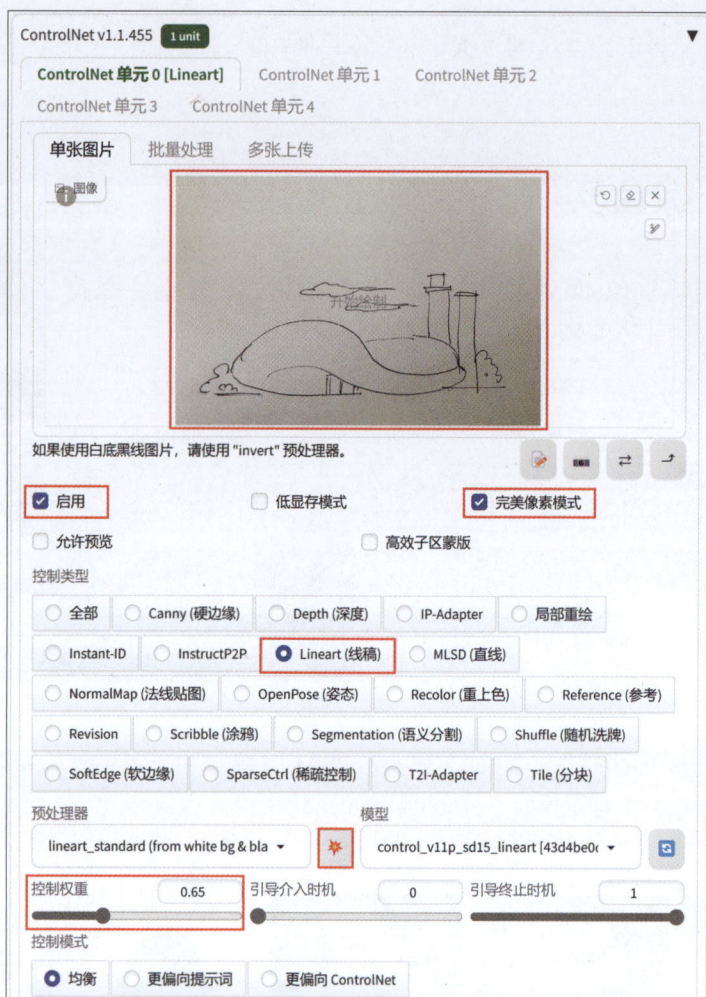

图7-39

（3）经过一段时间的计算，在"单张图片"选项卡中图片的旁边显示计算出来的硬边缘图，如图7-40所示。

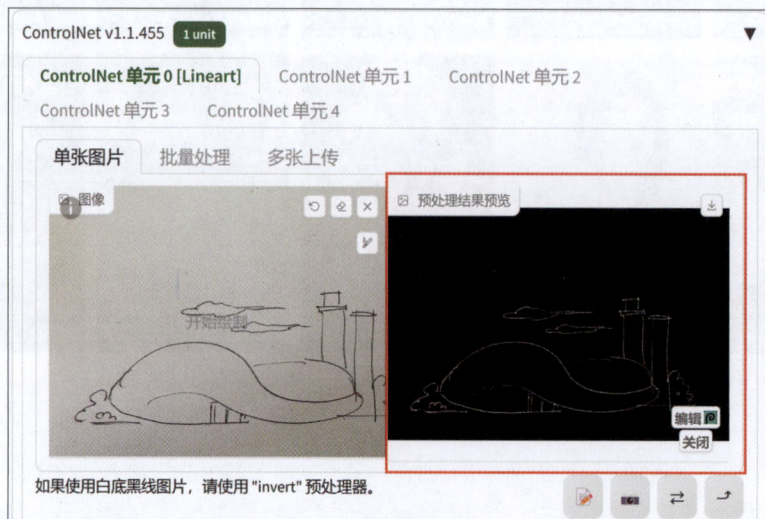

图7-40

（4）在"文生图"选项卡中输入中文提示词："弧形建筑，玻璃幕墙，树，花，道路，公园，户外，蓝天，云"后，按回车键生成对应的英文："arc building,glass curtain wall,tree,flower,road,park,outdoor,blue sky,cloud,"，如图7-41所示。

图7-41

（5）在"反向词"文本框内输入："低质量，低分辨率，正常质量，最差质量"，按回车键将其翻译为英文："low quality,lowres,normal quality,worst quality,"，并调高这些反向词的权重均为1.5，如图7-42所示。

图7-42

（6）在"生成"选项卡中设置"迭代步数（Steps）"为25，设置"宽度"为768，"高度"为512，如图7-43所示。

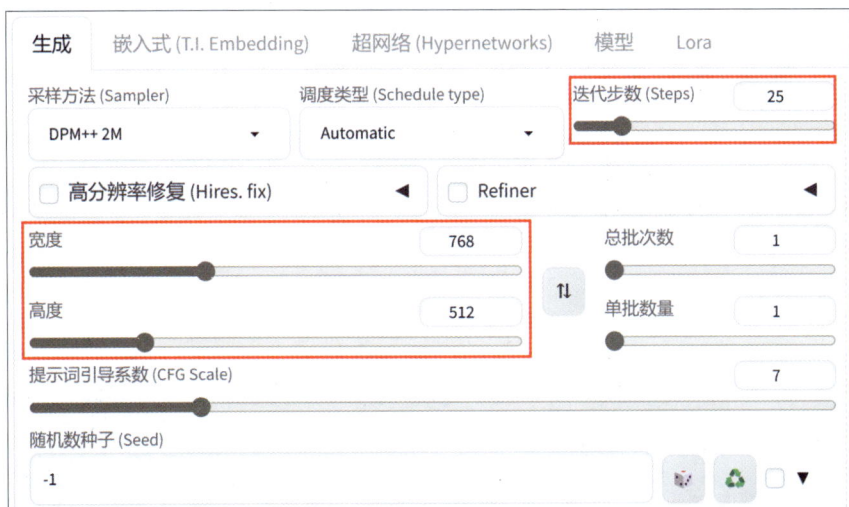

图7-43

（7）勾选"高分辨率修复（Hires.fix）"，设置"高分迭代步数"为20，"重绘幅度"为0.6，如图7-44所示。

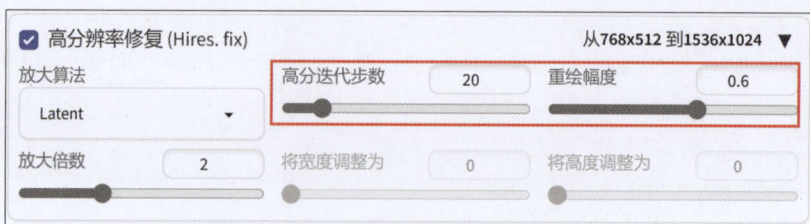

图7-44

（8）设置完成后，单击"生成"按钮，绘制出来的图像效果如图7-45所示。

图7-45

（9）接下来通过Lora模型丰富场景中的植物景观细节。在Lora选项卡中单击"地产园林景观_v1.0"，如图7-46所示。

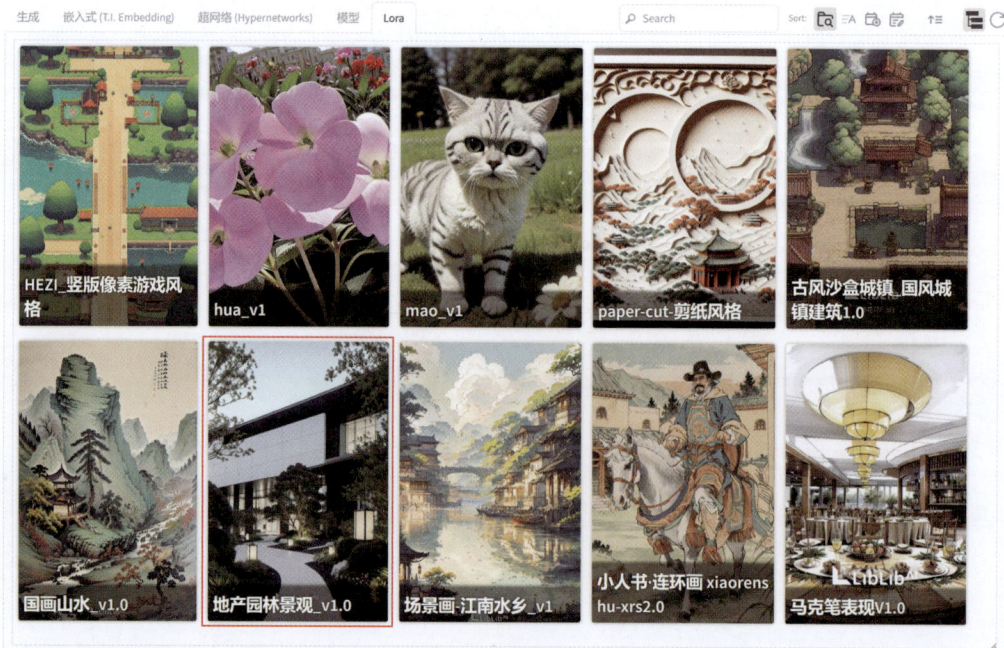

图7-46

（10）设置完成后，可以看到该Lora模型出现在"正向提示词"文本框中，将该Lora模型的权重设置为0.7，如图7-47所示。

图7-47

（11）重绘图像，本实例最终绘制出来的图像效果如图7-48所示。

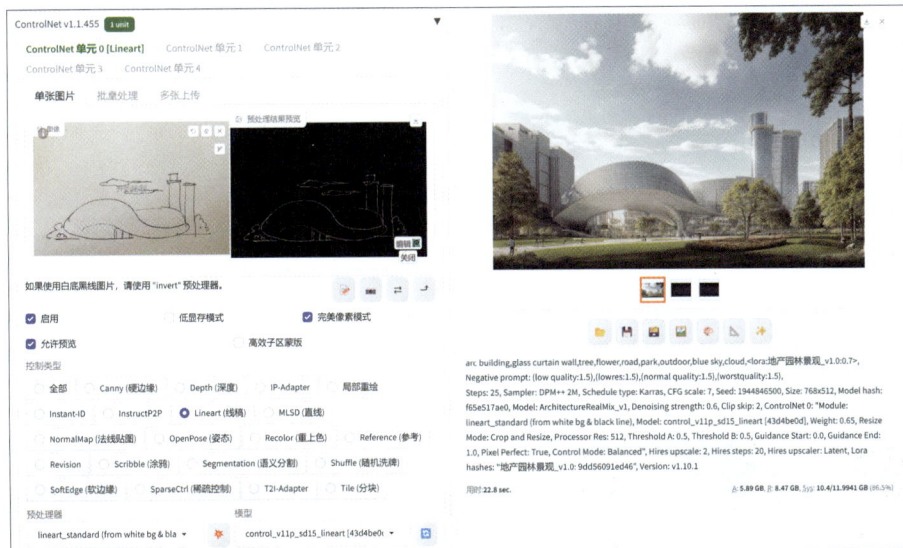

图7-48

7.4 综合实例：生成Logo动画视频

本实例在Stable Diffusion中生成一段Logo变形动画视频，图7-49所示为本实例生成视频的部分序列帧效果。

微课视频　　　　微课视频　　　　效果视频

图7-49

💡 技巧与提示　本实例制作步骤较多，建议读者观看教学视频进行学习。

7.4.1　绘制Logo效果

（1）启动Stable Diffusion WebUI界面，在"模型"选项卡中单击"revAnimated_v2Rebirth"，如图7-50所示，将其设置为"Stable Diffusion模型"。

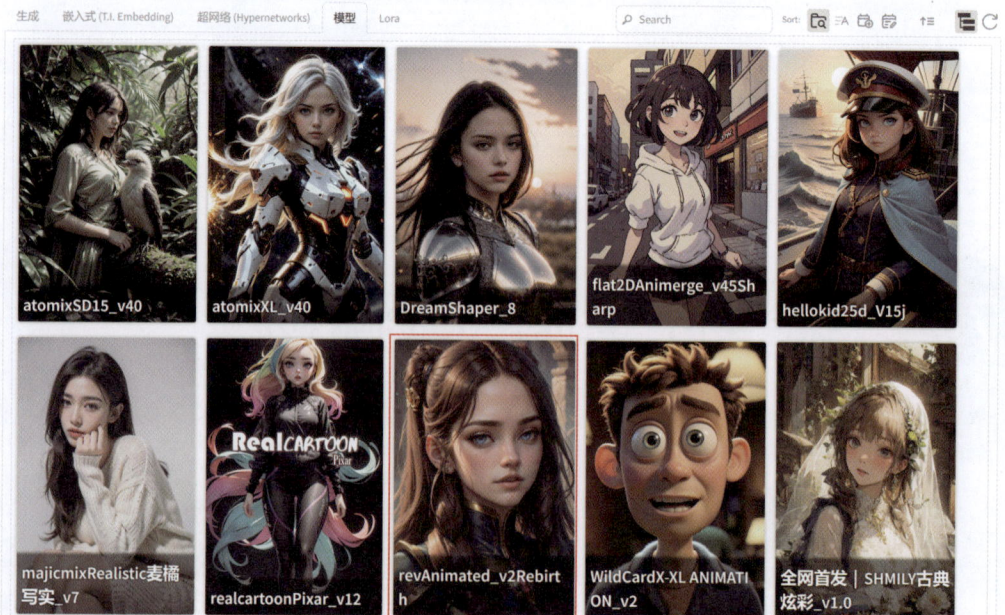

图7-50

（2）在"ControlNet单元0"选项卡中添加一张"SD.png"图片，勾选"启用"和"完美像素模式"，设置"控制类型"为"Tile（分块）"，"控制权重"为0.4，然后单击红色爆炸图案形状的Run preprocessor（运行预处理）按钮，如图7-51所示。

图7-51

（3）经过一段时间的计算，在"单张图片"选项卡中图片的旁边显示计算出来的分块图，如图7-52所示。

图7-52

（4）在"ControlNet单元1"选项卡中添加一张"SD.png"图片，勾选"启用"和"完美像素模式"，设置"控制类型"为"Depth（深度）"，"控制权重"为0.65，然后单击红色爆炸图案形状的Run preprocessor（运行预处理）按钮，如图7-53所示。

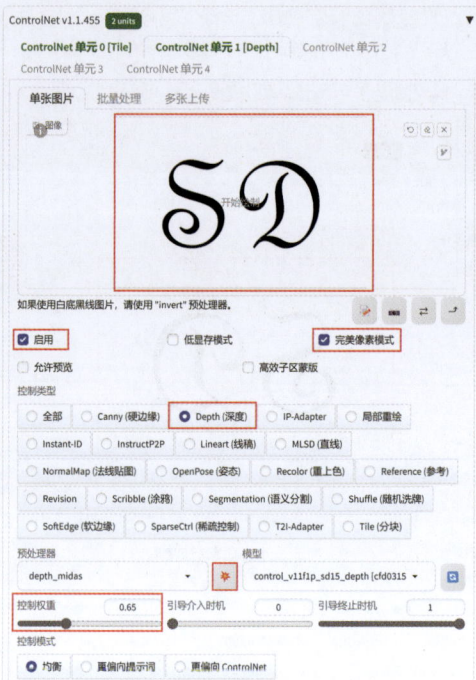

图7-53

（5）经过一段时间的计算，在"单张图片"选项卡中图片的旁边显示计算出来的深度图，如图7-54所示。

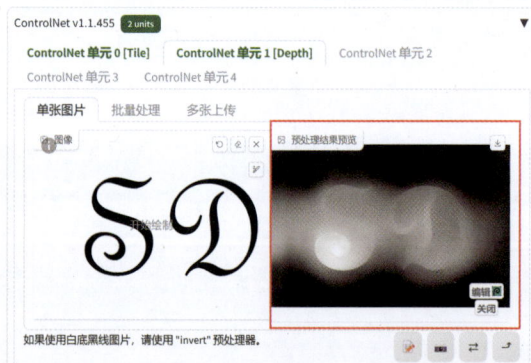

图7-54

（6）在"文生图"选项卡中输入中文提示词："花，多彩的，房屋，植物，水波纹，简单背景"后，按回车键生成对应的英文："flower,colorful,house,plant,water ripple,simple background,"，如图7-55所示。

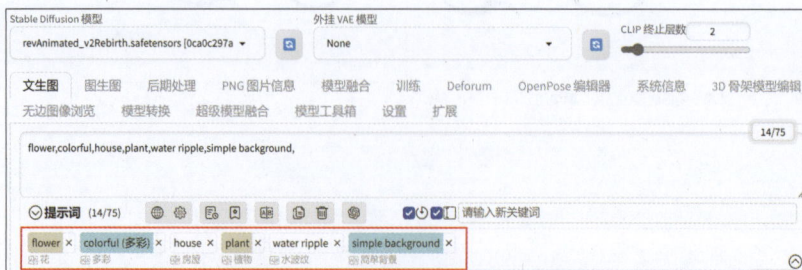

图7-55

（7）在Lora选项卡中单击"场景画–江南水乡_v1"，如图7-56所示。

图7-56

（8）设置完成后，可以看到该Lora模型出现在"正向提示词"文本框中，将该Lora模型的权重设置为0.7，如图7-57所示。

图7-57

（9）在"反向词"文本框内输入："低质量，低分辨率，正常质量，最差质量"，按回车键将其翻译为英文："low quality,lowres,normal quality,worst quality,"，并调高这些反向词的权重均为2，如图7-58所示。

图7-58

（10）在"生成"选项卡中设置"迭代步数（Steps）"为25，设置"宽度"为768，"高度"为512，如图7-59所示。

图7-59

（11）勾选"高分辨率修复（Hires.fix）"，设置"高分迭代步数"为20，"重绘幅度"为0.6，如图7-60所示。

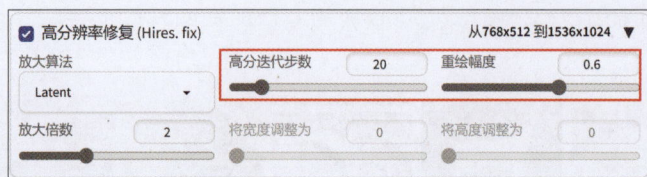

图7-60

（12）设置完成后，单击"生成"按钮，绘制出来的图像效果如图7-61所示。

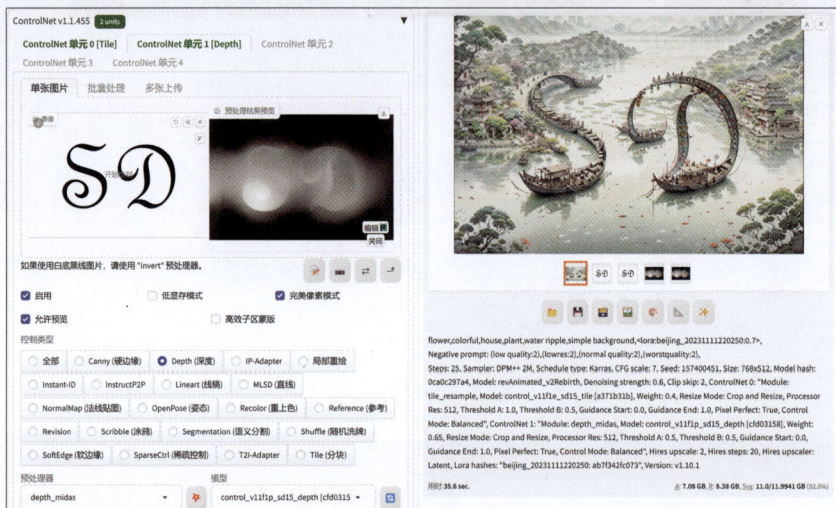

图7-61

7.4.2 生成Logo变形视频

（1）在"初始化"选项卡中勾选"启用初始化"，在"初始化图像输入框"内上传一张上一节生成的Logo图像，使其作为该视频动画的第1帧，设置"强度"为1，如图7-62所示。

图7-62

（2）在"提示词"选项卡中，将"文生图"选项卡中翻译过来的正向英文提示词复制粘贴至"提示词"文本框中图7-63所示位置处。

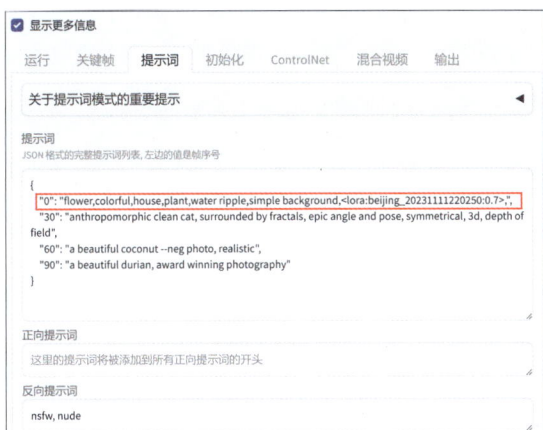

图7-63

（3）在"文生图"选项卡中删除之前的提示词，重新输入中文提示词："房屋，树，花，桥，河，船"后，按回车键生成对应的英文："house,tree,flower,bridge,river,ship,"，如图7-64所示。

图7-64

（4）在Lora选项卡中单击"场景画-江南水乡_v1"，如图7-65所示。

图7-65

（5）设置完成后，可以看到该Lora模型出现在"正向提示词"文本框中，将该Lora模型的权重设置为0.5，如图7-66所示。

图7-66

（6）在"提示词"选项卡中，将生成该画面的正向英文提示词复制粘贴至"提示词"文本框中图7-67所示位置处，使得在第120帧位置处变换成提示词所描述的画面。

（7）在"运行"选项卡中设置"迭代步数"为30，"宽度"为768，"高度"为512，如图7-68所示。

图7-67

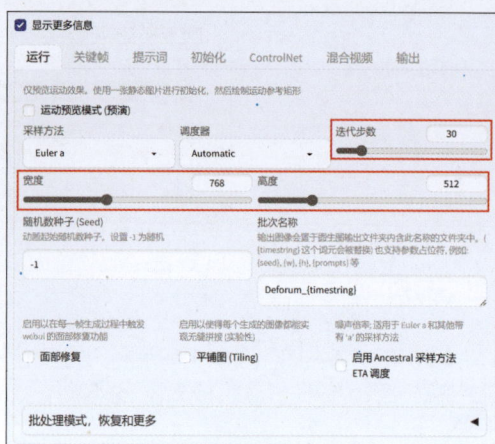

图7-68

（8）在"关键帧"选项卡中设置"边界处理模式"为"覆盖"，"最大帧数"为240，如图7-69所示。

（9）在"强度"选项卡中设置"强度调度计划"为"0:(0.8)"，如图7-70所示。

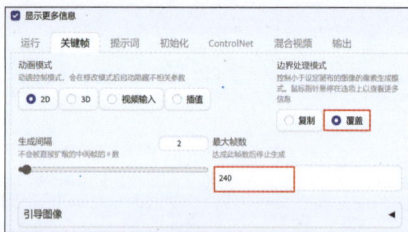

图7-69

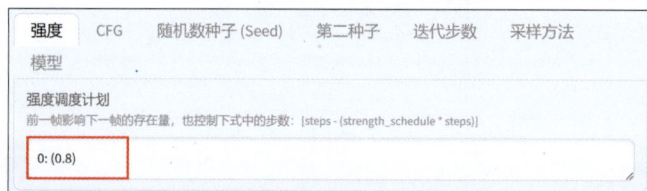

图7-70

（10）在"运动"选项卡中设置"角度"为"0:(0),60:(0),100:(1)"，如图7-71所示，可以控制镜头的旋转效果。

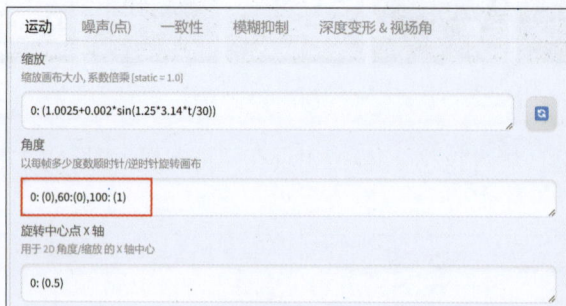

图7-71

（11）在"输出"选项卡中勾选"图像放大"，设置"放大倍数"为"×2"，如图7-72所示。

（12）在CN Model1卷展栏中勾选"启用"和"完美像素模式"，设置"预处理器"为tile_resample，"模型"为control_v11f1e_sd15_tile，"权重调度计划"为0:(0.8),100:(0.6),150:(0)，"ControlNet 输入 视频/图像 的路径"为SD.png，如图7-73所示。

图7-72

图7-73

技巧与提示 读者需要将SD.png素材文件复制到Stable Diffusion软件的根目录。

（13）在CN Model2卷展栏中勾选"启用"和"完美像素模式"，设置"预处理器"为canny，"模型"为control_v11p_sd15_canny，"权重调度计划"为"0:(0.8),100:(0.6),150:(0)"，"ControlNet 输入 视频/图像 的路径"为SD.png，如图7-74所示。

图7-74

（14）单击"生成"按钮，开始根据输入的提示词来生成视频动画，如图7-75所示。

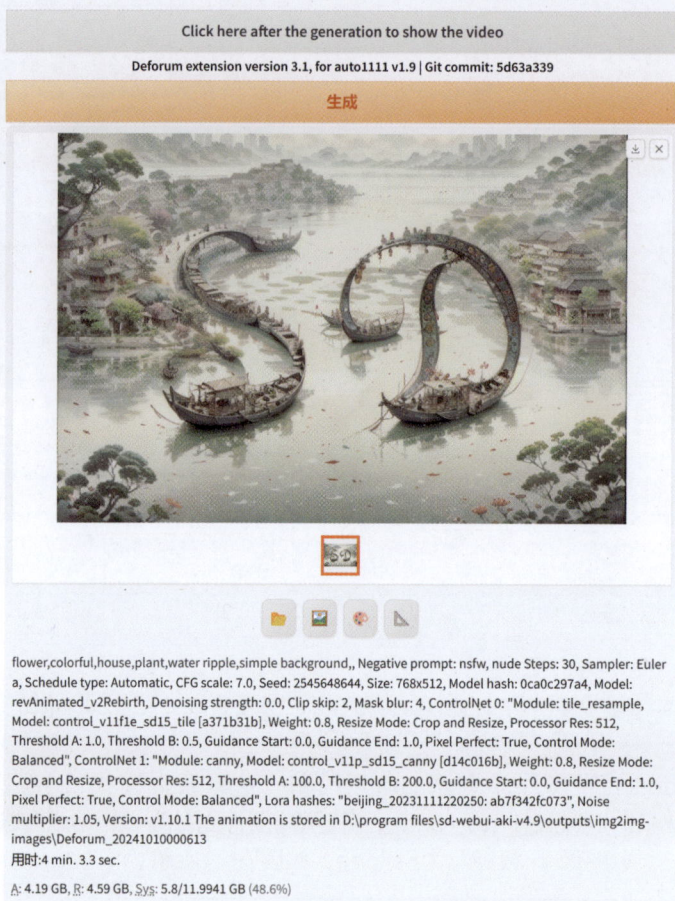

Click here after the generation to show the video

Deforum extension version 3.1, for auto1111 v1.9 | Git commit: 5d63a339

生成

flower,colorful,house,plant,water ripple,simple background,, Negative prompt: nsfw, nude Steps: 30, Sampler: Euler a, Schedule type: Automatic, CFG scale: 7.0, Seed: 2545648644, Size: 768x512, Model hash: 0ca0c297a4, Model: revAnimated_v2Rebirth, Denoising strength: 0.0, Clip skip: 2, Mask blur: 4, ControlNet 0: "Module: tile_resample, Model: control_v11f1e_sd15_tile [a371b31b], Weight: 0.8, Resize Mode: Crop and Resize, Processor Res: 512, Threshold A: 1.0, Threshold B: 0.5, Guidance Start: 0.0, Guidance End: 1.0, Pixel Perfect: True, Control Mode: Balanced", ControlNet 1: "Module: canny, Model: control_v11p_sd15_canny [d14c016b], Weight: 0.8, Resize Mode: Crop and Resize, Processor Res: 512, Threshold A: 100.0, Threshold B: 200.0, Guidance Start: 0.0, Guidance End: 1.0, Pixel Perfect: True, Control Mode: Balanced", Lora hashes: "beijing_20231111220250: ab7f342fc073", Noise multiplier: 1.05, Version: v1.10.1 The animation is stored in D:\program files\sd-webui-aki-v4.9\outputs\img2img-images\Deforum_20241010000613

用时:4 min. 3.3 sec.

A: 4.19 GB, R: 4.59 GB, Sys: 5.8/11.9941 GB (48.6%)

图7-75

（15）本实例生成的动画视频效果如图7-76所示。

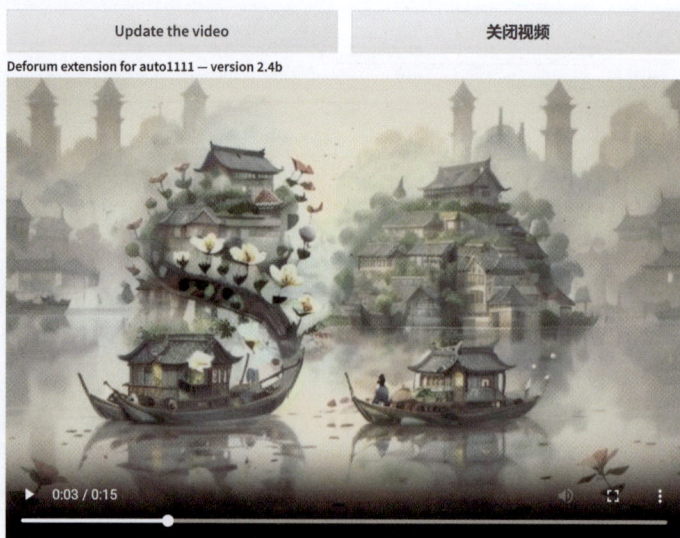

图7-76